經典麵包配方
私房迷人料理 ✕

40款麵包與
90道燉肉、海鮮、沙拉、四季果醬
與和洋醬汁的美味組合

Bread &
Light Meal Recipes

悦知文化

> 本書謹獻給
> 我最愛的家人與夥伴們

目錄
CONTENT

目錄
CONTENT

蔬菜

雞蛋

乳酪

四季低糖果醬

目錄
CONTENT

Part 3
七天手作
輕食提案

Introduction 前言

我認為麵包與料理，本來就是很完美的味蕾搭檔。花費了時間揉製出專屬於自家口味的手工麵包，只要再多費點心思，做出一道料理，就能讓麵包成為餐桌上除了飯、麵外，滿足一餐的主食，使餐桌有更多樣而且有趣的變化。

本書中所設計的海鮮、雞肉、豬肉、牛肉、蔬菜料理，甚至是乳酪組合，搭配了燉煮、清燙、蒸煮或油炸的烹調方法，都為麵包的味覺舞台，提供更多的演出選擇，讓家庭餐桌更能滿足各種挑剔的味蕾。書中所有料理都是我特別設計，簡單快速，無須太多複雜材料和烹調工夫就能完成，強調的是食材最原始風味與快速上菜的便利性。

當然，本書仍是一本麵包專書。這次在麵包的整形上，提供了許多作法，讓同一種麵糰有不同的呈現方式，佐餐時就能有更多選擇。

書中並非所有麵糰配方都追求極致柔軟，因為期待的最終目的是佐餐享用，所以Q度有時比什麼都重要。例如，餐包麵糰配方反而比鮮奶麵糰鬆軟。另一方面，配方的設計上，水量雖然不多，但筋度容易飽滿，所以吃起來依舊柔軟。只要謹慎按照操作順序，就能打出成功的麵糰，而且麵糰材料單純、基礎、不加配料，簡單又耐吃的口味，用來搭配餐點或果醬最恰到好處。

一本烘焙書或料理書，要呈現的不應該只在老師的程度有多好或技巧有多高深、用料多複雜、昂貴，而是能更貼近使用者，讓大家能輕鬆使用，又能貼近日常。

我希望能透過這本書讓大家瞭解，除了學會做麵包外，如果還能簡單自製料理去豐富麵包的味覺呈現，也許麵包就不再是需要包著滿滿餡料，或是乾吃那般的單一無趣了。

2018.06 初夏時節

烘焙基本概念

一般揉製麵糰時都無須過多添加原物料，只要把比例搭配好，就能得到完美成果，掌握烘焙基本概念，就能得到令人很驚艷的效果。

01 溫度

麵糰溫度為何是掌握麵包品質的關鍵？

1.酵母活性化。對應甜麵包或吐司、鹹麵包如何在應有的發酵時間內膨脹到理想高度，酵母是否具有活力來產生氣體就是一個關鍵。

2.風味保留。對應歐式麵包和低成分吐司，如何呈現麥香風味在於酵母是否能長時間穩定發酵，並且避免過度發酵就是第二個關鍵。

3.小麥蛋白質黏性。對應大多數小麥麵粉製作而成的麵包，麵糰溫度過高容易造成小麥蛋白質產生黏性，影響麵包操作性和組織。

影響麵糰溫度的原因則包括工作室溫度、麵粉溫度、操作水溫、機器設備攪拌時間、機器設備攪拌速度、麵糰份量多寡。但要特別說明的是，過高的室溫環境，可以透過減少酵母份量來改變麵糰溫度過高對於發酵的影響，但溫度過高造成的風味流失則無法改善。

02 麵粉

台灣常用的高筋麵粉蛋白含量大約在12.8-13.5％之間，灰份介於0.36-0.42％，因此我們對於這個條件下的麵粉操作係數非常熟悉。目前台灣和日本的麵粉廠都有開發出優良的麵包專用粉或是國產麵粉，例如：日清山茶花、麥典QQ粉、水手強力粉、台灣喜願麥、日本北海道春麥等等優質小麥粉。這些麵粉的蛋白質比一般高筋麵粉略低，約莫介於11.5-12.4％之間。

剛開始操作時，建議低速攪拌時間延長，依據產品性質，至少低速攪拌3-5分鐘不等。之後，再恢復到正常操作系數，麵糰攪拌完成時間便會縮短。因為麵粉的吸水性增加，蛋白質組織筋性速率加快，接著進入基本發酵時，發酵溫度控制26-28℃，比一般發酵溫度略低一些。發酵時間直接法以90分鐘為佳，往後的操作系數就和一般麵包作法相同了。請務必做好溫度掌控，因為發酵速度過快，蛋白質略低的麵粉製成的麵包，高溫發酵時容易造成組織坍陷。

03 　鹽

鹽之於麵包烘焙中有兩個重大的功能：

1.強化麵筋、增加延展性。2.抑制酵母生長。

瞭解這兩個功能，更有利於我們去掌控麵包製作的關鍵。一般而言，鹽的添加量基本量為麵粉的2％，某些強調甘味的菓子麵包，並不會因此而降低用鹽的比例，甚至會提高，因為配料越豐富的麵包越需要鹽來做為風味的平衡。如果不加鹽是否能做麵包呢？答案是肯定的。在過去，鹽本來就是貴重的食材，歷史記載6000多年前，古埃及製作金字塔時，所供應給工人的餐點就已經出現麵包，而當時製作的麵包就是不加鹽。不加鹽的麵包吃起來沒有風味外，組織也鬆散，更無法製作大體積的成品，如果一定要製作無鹽麵包的話，最好添加小麥蛋白粉增加筋性，或是添加發酵麵種的比例強化風味，但口感上仍無法與加鹽麵包匹敵。

04 　乳酪

適合烤焙的乳酪有以下幾種：

1.新鮮乳酪類：Cream Cheese奶油乳酪、丹麥Buko、法國的Kiri、美國的Meadow Fresh、Mozzarella水牛乳酪（義大利產）、Feta菲達（希臘產，羊奶製）。

2.白黴乳酪類：Camembert de ormandie諾曼地卡蒙貝爾（法國最高級的白黴乳酪之一）、Brie de Meaux布利德蒙（法國乳酪之王的稱號）。

3.藍黴乳酪類：Roquetort洛克福、Bresse bleu布雷斯藍乳酪（法國產，法國藍紋乳酪的代表，有白黴乳酪的濃郁乳香，烤焙後風味溫和怡人）、Gorgonzola哥魯拱索拉（義大利最棒的藍紋乳酪，略點新辣口感與黑麥非常搭配）。

4.半硬乳酪類：Raclette francaise拉克雷特（瑞士代表乳酪，烤焙後風味濃郁）、Maribo馬利波（丹麥代表乳酪之一，烤焙後濃稠略帶微酸的絕佳滋味）。

5.硬質乳酪類：Mimolette米摩雷特（存在感十足的法國風味乳酪、Emmental愛曼塔（迷人的瑞士乳酪，烤焙後有著多元風味）、Gouda高達（荷蘭最大量的出口乳酪，溫和風味烤焙）、Cheddar切達（全世界產量最多的乳酪，原產地英國）。

05 　糖

烘焙中極其重要的香氣與滋味來源就是來自「梅納反應」（Maillard reaction）。梅納反應主要是因蛋白質跟糖分解並重新組合，形成一種環狀結構，釋放出迷人香氣，產生迷人風味。這種環狀結構會讓食物的表面呈焦黃色，並反射光。而且這種反應發生時會產生香氣。另外，還有一個反應是焦糖化。焦糖化是指糖的結構在高溫下分解，讓口感產生脆、甜，甚至微苦。焦糖化反應需要180℃下才會發生。

06　巧克力

烘焙可可豆可以幫助揮發在發酵時轉換而成的酸。烘豆時可以親身體驗酸性物質的揮發，烘焙使得可可豆的味道平衡且順口，而不同的烘焙方法，溫度的改變，時間，等等都是可以影響可可豆的因素。豆子需要烘焙至120-140℃，時間可以從15分鐘拉長至30分鐘或更久。

可可聯盟70%的黑巧克力的豆子是取自厄瓜多西北邊的海邊，祕魯西部平原以及中部山區，厄瓜多豆種的煙燻調搭配上祕魯可可豆特有的果香，揉合了酸性與苦味，帶出絕妙的平衡後，尾韻結束在果乾與甜香料中。這款巧克力操作簡易好上手，特別適合應用在需要高流動性的地方，例如，披覆或鏡面上。

07　鮮奶

鮮奶主要由三種蛋白質組合而成：分別為酪蛋白（Casein）、乳清蛋白（Lacto albumin）、乳球蛋白（Lactoglobulin）。酪蛋白占鮮奶蛋白質中比例65-81%、乳球蛋白7-12%、以及關鍵的乳清蛋白2-5%。最後還有微量的白蛋白和球蛋白，但比例非常少。

雖然大家都知道鮮奶有豐富的營養成分，但是直接添加新鮮鮮奶於麵糰製作中會造成麵糰體積縮小。最大的主因就是含有多量活潑性硫氫根的鮮奶蛋白質，會阻礙麵糰吸水性使麵糰黏手，造成過大的烤盤彈性影響發酵和最終烘焙體積。所以，往往製作鮮奶麵包使用保久乳能夠得到較大的體積和穩定的品質。若要使用一般新鮮鮮奶至少要先將鮮奶加熱85℃，至少30分鐘，讓乳清蛋白變性同時讓乳脂做結合，增加麵糰操作上的穩定度。至於保久乳或是濃縮奶水，因為已經經過加熱處理，所以無須要經過加熱處理。

08　酵母

烘焙時常用酵母有兩種：一是為了方便快捷用的「商業酵母」，二是自己培養的「天然酵母」。商業酵母指得是市面上可以買到的酵母。通常分為「乾酵母」和「濕酵母」。乾酵母，遇到水分後就會被喚醒；濕酵母又叫「鮮酵母」，狀態較活躍。天然酵母種類則是透過穀物、果實上和多種細菌培養而成。天然酵母比一般酵母風味好，因為天然酵母能使麵粉充分吸收水分，熟成時間長，且天然酵母由多種菌培養而成，烘焙時，每一種菌種都會散發不同香味，讓麵包的風味更好。

09　雞蛋

雞蛋的溫度也會影響乳化性質，雞蛋溫度必須是在常溫25-28℃的狀態，就很容易能和奶油、砂糖融合。低於20℃以下的雞蛋，容易造成乳化性質降低，產生油水分離的現象，蛋白質在加熱過程中會逐漸凝固，並且產生獨特的香氣與風味。

在軟化的奶油中拌入全蛋或蛋黃（例如：磅蛋糕、塔皮、餅乾、杏仁奶油醬等）；或是蛋黃中混拌植物油、奶油（例如：戚風蛋糕），在混和過程中，即使產生了分離現象也很正常，但是這些能均勻混和的原因，是因為蛋黃中含有卵磷脂貨LDL蛋白質等乳化劑，具有乳化油脂和水分的能力。

10　油

奶油的操作溫度和雞蛋的乳化性質相關，如果奶油溫度太低容易造成分離的狀況，奶油溫度太高則會造成滲油的情況。所以操作時大多會將奶油退冰至16-20℃，用手指按壓可以出現凹痕，再來進行操作程序。其中還包括：

- **無水奶油**：利用離心力將奶油水分脫出，水分減少，融點提高，可常溫保存。
- **有鹽奶油**：奶油內添加約2%的鹽分。
- **發酵奶油**：製作過程中加入乳酸菌發酵，賦予其獨特的風味。
- **無鹽奶油**：無添加食鹽的奶油。

11　水

在烘焙中，水分可以決定麵糰與烤焙後的麵包柔軟，過少的水分會使操作過程變得不易進行，過多的水分又會使麵糰整形困難。一般來說，麵粉的筋性與跟含水量成正比，高筋麵粉含水量越大，低筋則反之。此外，水分溫度也會影響麵糰中的酵母生長與活性。

值得一提的是，烘焙中的老化現象主要是指烘焙產品的質地和風味，因為水分流失和澱粉結構改變，進而產生的變化現象。此時，透過可以配方中的保濕性食材來改善，例如，在蜂蜜、砂糖、油脂豐富的麵包和糕點，相對地老化速度就會減緩，或是在麵包、糕點表面塗上糖霜或是糖液增加濕度和減緩水分流失。例如，美式的肉桂捲麵包或是法國的薩瓦蘭麵包、千層派、水果蛋糕等等。

Part 1
麵包

這次的麵糰都無須添加過多原物料，
只要把比例搭配好，操作時照順序，就能打出很成功的麵糰，
希望大家可以用基礎材料，做出不加配料，簡單又耐吃的口味，
即使單純用來當作來搭配餐點的主食，或是沾抹果醬都很美味。

5大發酵法
×
7大麵糰揉製法

這裡所設計的七大類麵糰揉製法，主要是根據麵粉不同的性質去搭配，搭配料理的選擇，則以麵包的口感和風味來決定。

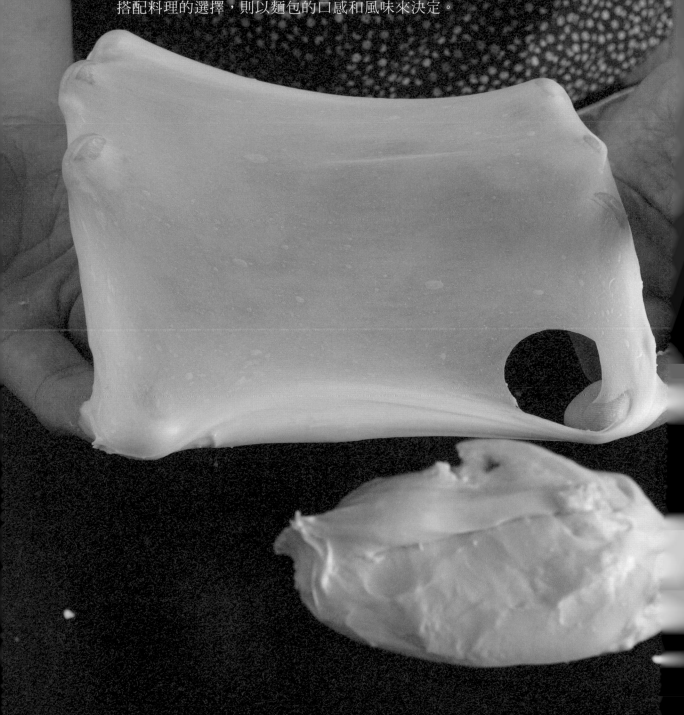

直接法

直接法是麵糰工法裡，步驟最簡單的。主要是希望能直接表達出麵糰的原始風味，也能顯現素材的滋味，例如：鮮奶麵糰、餐包麵糰以及貝果麵糰。
在搭配料理的選擇上，可以考量料理的口感與風味來決定，諸如餐包麵糰和鮮奶麵糰的柔軟度，都很適合口味較清淡的料理。

湯種法

湯種法是先將一部分的麵粉以熱水沖入的方式熟化麵糰，加以冷藏，再加入主麵糰攪打後，增加麵糰的保水性，最適合用在全麥類麵糰。除了增加全麥麵粉的吸水性，也能克服全麥類麵包比較乾澀的口感，在攪打的時候，加入湯種的全麥麵糰，也更容易能達到擴展的筋性。

冷藏發酵種法

本書採用冷藏發酵種法的麵糰為裸麥麵糰。由於裸麥的膨脹性較差，在製作的過程中，多了一道冷藏的程序，可以讓麵種有時間進行更完整的發酵後，再加入到主麵糰，就能解決膨脹力不足的問題，同時還能增加麵糰的熟成風味。

低溫液種法

採用低溫液種法的法國麵糰，是材料最簡單的一種，為了有效帶出小麥最原始的風味，讓一部分材料在高水量的環境進行水合作用，可以讓出爐的麵包有內部細緻，皮卻有嚼勁，而且保留了麥子最質樸的風味，很適合搭配風味強烈的料理。

隔夜冷藏法

奶油麵糰所採用的隔夜冷藏法，主要原因是奶油麵糰，也就是一般的布里歐修麵糰，油脂含量較高，如果在當日製作就直接操作上，會比較困難。所以通常會揉製完成後，以隔夜冷藏發酵的方式，讓油脂能與麵糰進行完整的熟成，同時在冷藏的狀況下，隔夜完整發酵搭配低溫麵糰，會比較好操作。後發的品質也會更好。
烤蔬菜類的料理，搭配上油脂較高的奶油麵糰，可以增加油脂的香氣與濃郁的口感，也就不會覺得單調。

這款布里歐修麵糰（奶油麵糰）在配方設計上添加了大量奶油，完成攪打後的麵糰偏軟，因此搭配上隔夜冷藏法，隔天無須回溫就可以直接整型，相對比較好操作。如果怕因手法不熟悉，動作較慢而使麵糰回溫不好操作，在整型上，建議盡量搭配模具來進行。

材料

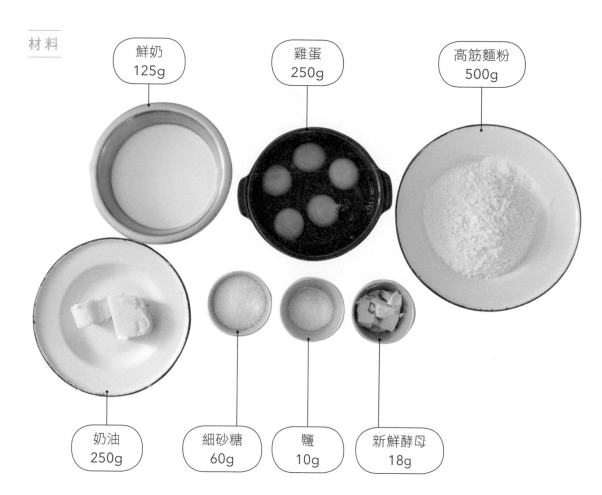

鮮奶
125g

雞蛋
250g

高筋麵粉
500g

奶油
250g

細砂糖
60g

鹽
10g

新鮮酵母
18g

發酵時間

基本發酵　**90分鐘**
室溫26℃，若室溫超過26℃，時間可縮短至60分鐘，無須翻麵。

冷藏發酵　**14-20小時（冷藏室4～6℃）**
無須退冰回溫，直接整型。若太黏可以撒些麵粉幫助整型。

最後發酵　**120-180分鐘**
室溫26℃，或目測麵糰約膨脹至2.5倍大。

作法

1 材料中的麵粉、細砂糖、鹽加入攪拌缸輕拌10秒。

2 新鮮酵母剝碎後,續加入攪拌缸中略為攪打。

3 加入雞蛋與鮮奶後,先用攪拌缸以低速攪打3分鐘,再以中速攪打約8-10分鐘。

4 麵糰打出筋性後,續加入奶油,先以低速攪打3分鐘,接著以中速攪打3分鐘。

5 此時,麵糰攪打完成後的溫度為24℃,在室溫進行基本發酵。

6 取出完成基本發酵的麵糰,分割成所需的麵糰重量,滾圓後密封,冷藏隔夜或14-20小時左右使用。

7 取出冷藏隔夜發酵的麵糰,無須回溫,收圓後直接放入烤模中。可以利用些許手粉來避免沾黏。

8 整型後的麵糰放置於室溫26℃左右進行最後發酵,發酵時間約為120-180分鐘,或目測麵糰約膨脹至2.5倍。

高圓奶油麵包

烤模規格：直徑9cm，高10cm

麵糰重量：180g

烤　　溫：180℃

烤焙時間：20-22分鐘

作法

1　將基本發酵完成的麵糰，分割成180g重。

2　分割後的麵糰收圓，密封後，冷藏隔夜或14-20小時左右使用。

3　取出隔夜冷藏發酵的麵糰，不需回溫，收圓後直接放入模型中，進行最後發酵，發酵時間約為120-180分鐘，或目測麵糰約膨脹至2.5倍。

4　最後發酵完成，用剪刀在麵糰表面剪出十字形，填入奶油，即可進行烤焙。

咕咕霍夫

烤模規格：八星菊花模
　　　　　　直徑16.8 cm，高度 12.9cm

麵糰重量：400g

烤　　溫：180℃

烤焙時間：25分鐘

作法

1　將基本發酵完成的麵糰，分割成400g重。

2　分割後的麵糰收圓，密封後冷藏隔夜或14-20小時左右使用。

3　取出隔夜冷藏發酵的麵糰，無須回溫，收圓後直接放入模型中，進行最後發酵，發酵時間約為120-180分鐘，或目測麵糰約膨脹至2.5倍。

4　最後發酵完成，即可進行烤焙。

中空咕咕霍夫

烤模規格：**咕咕霍夫中空模** 直徑15 cm
麵糰重量：200g
烤　　溫：180℃
烤焙時間：23-25分鐘

作 法

1　將基本發酵完成的麵糰，分割成200g重。

2　分割後的麵糰收圓，密封後冷藏隔夜或14-20小時左右使用。

3　取出隔夜冷藏發酵的麵糰，無須回溫，收圓後直接放入模型中，進行最後發酵，發酵時間約為120-180分鐘，或目測麵糰約膨脹至2.5倍。

4　最後發酵完成，即可進行烤焙。

迷你吐司

烤模規格：**迷你吐司模（水果蛋糕模）**
16×8×6cm

麵糰重量：100g

烤　　溫：200℃

烤焙時間：16-20分鐘

作法

1　將完成基本發酵的麵糰分割100g重。

2　分割後的麵糰收圓，密封後冷藏隔夜或14-20
　　小時左右使用。

3　取出隔夜冷藏發酵的麵糰，無須回溫。

4　將麵糰輕拍平後捲起，放入迷你吐司模中。

5　進行最後發酵，發酵時間約為120-180分
　　鐘，或目測麵糰約膨脹至2.5倍。

6　發酵完成後，先刷上一層白酒，讓麵體比較
　　溼潤，用剪刀在表面剪出刀痕。

7　在刀痕上撒上肉桂糖粉（作法請見P.33），讓
　　糖滲透進去，即可入爐烤焙。

 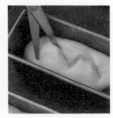   

肉桂甜麵包

烤模規格：**平盤**　35×25cm

麵糰重量：700g

烤　　溫：180℃

烤焙時間：25分鐘

> **自製肉桂糖**
>
> 比例約為肉桂粉5g、2號砂糖
> 100g、細砂糖100g。將全部攪
> 拌均勻後，裝入可密封、殺菌及
> 完全乾燥的罐子裡保存即可。

作法

1　將完成基本發酵的麵糰分割700g重。

2　分割後的麵糰收圓，密封後冷藏隔夜或14-20小時左右使用。

3　取出隔夜冷藏發酵的麵糰，無須回溫，擀麵棍由麵糰中間壓下後，先往上擀
　　開，提起擀麵棍，再由中間往下擀開。

> ▶ **TIP：** 這種方式會讓麵糰擀開更平均。

4　將麵糰90度旋轉，再用同樣方式分別由中間向上、向下擀開。

5　擀開後的麵糰鋪入平盤中，再用手壓方式向四面推開平展。

6　進行最後發酵，發酵時間約為120-180分鐘，或目測麵糰約膨脹至2.5倍。

7　發酵完成後，先刷上一層白酒，讓麵體比較溼潤，用手指在表面戳出許多
　　洞，再撒上肉桂糖粉，讓糖能滲透進去，即可入爐烤焙。

長條
雙胞胎

烤模規格：（無）

麵糰重量：每條100g，2條一組

烤　　溫：180℃

烤焙時間：15分鐘

作法

1　完成基本發酵的麵糰分割100g重。

2　分割後的麵糰收圓，密封後冷藏隔夜或14-20小時左右使用。

3　取出隔夜冷藏發酵的麵糰，無須回溫。

4　麵糰輕拍平後捲成橄欖型，再搓長條。

5　將兩條麵糰相靠成雙胞胎造型。

6　進行最後發酵，發酵時間約為120-180分鐘，或目測麵糰約膨脹至2.5倍。

7　最後在麵糰表面刷上橄欖油，鋪起士絲，最後撒上乾燥的義式香料，即可入爐烤焙。

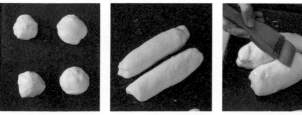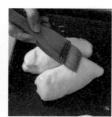

鹹乳酪麵包

烤模規格：（無）

麵糰重量：100g

烤　　溫：180℃

烤焙時間：15分鐘

作法

1　將將完成基本發酵的麵糰分割100g重。

2　分割後的麵糰收圓，密封後冷藏隔夜或14-20小時左右使用。

3　取出隔夜冷藏發酵的麵糰，無須回溫，直接滾圓。

4　滾圓的麵糰，用手輕拍攤開，維持圓型，直徑約為12cm。

5　進行最後發酵，發酵時間約為120-180分鐘，或目測麵糰約膨脹至2.5倍。

6　在麵糰表面撒上乳酪絲，即可入爐烤焙。

小甜麵包

烤模規格：**小紙模** 90×30mm

麵糰重量：70g

烤　　溫：180℃

烤焙時間：12-15分鐘

作法

1　將完成基本發酵的麵糰分割70g重。

2　分割後的麵糰收圓，密封後冷藏隔夜或14-20小時左右使用。

3　取出隔夜冷藏發酵的麵糰，無須回溫，收圓後放入紙模中。

4　進行最後發酵，發酵時間約為120-180分鐘，或目測麵糰約膨脹至2.5倍。

5　以剪刀將麵糰表面中間剪開十字，放入奶油，再撒上砂糖，即可入爐烤焙。

布里歐修吐司

烤模規格：**12兩吐司模**

麵糰重量：250g

烤　　溫：180℃

烤焙時間：30-35分鐘

作法

1　將完成基本發酵的麵糰分割250g重，共二份。

2　分割後的麵糰收圓，密封後冷藏隔夜或14-20小時左右使用。

3　取出隔夜冷藏發酵的麵糰，無須回溫，直接收圓。

4　滾圓後的麵糰放入吐司模中。

5　進行最後發酵，發酵時間約為120-180分鐘，或目測麵糰約膨脹至2.5倍。

6　將麵糰中間剪開橫刀，放入奶油，再撒上2號砂糖，即可入爐烤焙。

    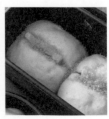

鮮奶麵糰 ╳ 直接法

鮮奶麵糰的配方由於是依一般家庭食用的份量所設計，麵粉量少，所以使用的新鮮酵母量較多。如果想增加麵粉量，則可以將新鮮酵母的份量調整至麵粉量的3-3.5％。其中的鮮奶也可改使用白美娜加水取代，白美娜與水的比例則為各半即可。鮮奶麵糰屬於比較容易上色的種類，建議烤溫上無須調得太高。

材料

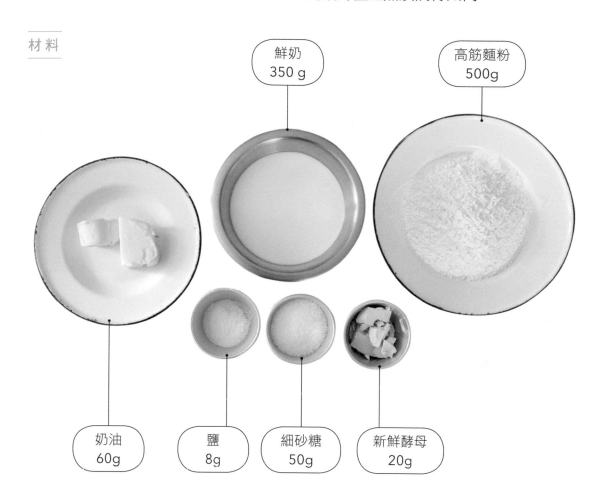

鮮奶
350 g

高筋麵粉
500g

奶油
60g

鹽
8g

細砂糖
50g

新鮮酵母
20g

發酵時間

基本發酵　**50-60分鐘**
室溫28℃，溼度75％。

⬇

中間發酵　**20分鐘**

⬇

最後發酵　**45-50分鐘**
32-35℃，溼度85％。

作法

1　材料中的麵粉、細砂糖、鹽加入缸中。啟動攪拌機輕拌10秒，讓乾性材料略微混和。

2　將新鮮酵母剝碎，加入攪拌缸中攪打10秒讓材料混和均勻。

3　加入鮮奶，先以攪拌機低速攪打3分鐘，再以中速攪打8-10分鐘。

4　此時拉扯麵糰能出現薄膜，表示已經攪打出麵糰的筋性。

5　麵糰打出筋性後，將奶油加入，先以攪拌機低速攪打3分鐘，再以中速攪打4分鐘。

6　完成攪打後的麵糰溫度約為27-28℃，置於溼度75℃的環境，發酵時間約為50-60分鐘，或目測麵糰約膨脹至2.5倍大，即可進行分割，整型及中間發酵。

7　最後發酵時間則依分割後的麵糰重量而有不同。

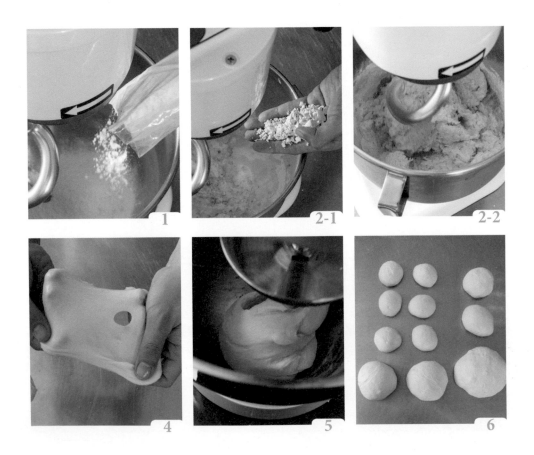

排包

烤模規格：（無）

麵糰重量：每顆60g，6顆一組

烤　溫：180℃

烤焙時間：18-20分鐘

作法

1　將完成基礎發酵的麵糰分割為60g，共6顆。

2　分割完成的麵糰滾圓後，蓋上保鮮膜進行中間發酵。

3　完成中間發酵後，用手輕拍麵糰排氣。

4　將麵糰轉90度後翻面。

5　由長邊捲起。

6　重覆步驟 1 - 5，完成6顆長條麵糰輕靠成排包。

7　最後發酵約1小時，即可入爐烤焙。

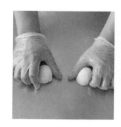   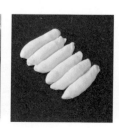 

餐包

烤模規格：（無）

麵糰重量：每顆60g，16顆一組

烤　　溫：180℃

烤焙時間：10-12分鐘

作法

1　將完成基礎發酵的麵糰分割60g共16顆。

2　分割完成的麵糰滾圓後，蓋上保鮮膜進行中間發酵20分鐘。

3　完成中間發酵後，用手輕拍麵糰排氣。

4　將麵糰收圓後，放入烤模中。

5　最後發酵約60分鐘後，即可入爐烤焙。

山峰吐司

烤模規格：**12兩吐司模**
麵糰重量：500g
烤　　溫：上火160℃，下火200℃
烤焙時間：30-35分鐘

作法

1 將完成基礎發酵的麵糰分割成500g。

2 分割完成的麵糰滾圓後蓋上保鮮膜進行中間發酵。

3 完成中間發酵後，用手輕拍麵糰排氣。

4 將麵糰自中間往上下擀開，擀開的寬度為吐司模的長度。

5 擀開後翻面，於麵糰四分之一處，由中朝下切三刀。

6 捲起成長條，放入12兩吐司模中。

7 最後發酵約45分鐘，即可入爐烘烤。

 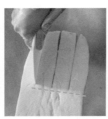 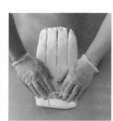  

圓頂吐司

烤模規格：**12兩吐司模**

麵糰重量：500g，1份

烤　　溫：上火160℃，下火200℃

烤焙時間：30-35分鐘

作法

1　將完成基礎發酵的麵糰分割500g共二份。

2　分割完成的麵糰滾圓後，蓋上保鮮膜進行中間發酵20分鐘。

3　完成中間發酵後，用手輕拍麵糰排氣。

4　將麵糰自中間往上下擀開，擀開的寬度為吐司模的長度。

5　翻面後捲起，放入12兩吐司模中。

6　最後發酵約50分鐘，即可入爐烤焙。

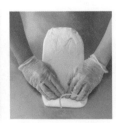

辮子麵包

烤模規格：（無）

麵糰重量：100g，每辮3顆

烤　　溫：180℃

烤焙時間：25-30分鐘

作法

1 將完成基礎發酵的麵糰分割100g共3份。

2 分割完成的麵糰滾圓後，蓋上保鮮膜進行中間發酵20分鐘。

3 完成中間發酵後，用手輕拍麵糰排氣。

4 輕拍平麵糰後，由麵糰中間分別往上下擀開。

5 將麵糰轉90度後翻面，由長邊捲起，確定大小一致。

6 把捲起的麵糰搓長至30cm。

7 將三條麵糰一端接合後，編成麻花辮。

8 收尾處用手指略搓捏緊即可。

9 最後發酵約30分鐘，即可入爐烤焙。

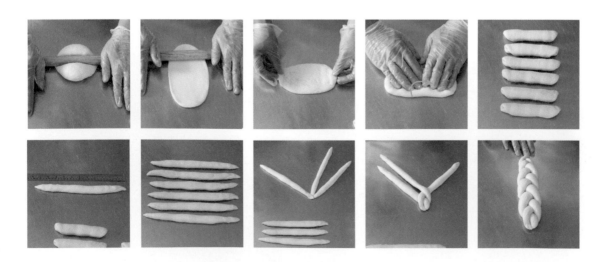

炸甜甜圈

烤模規格：（無）

麵糰重量：15g，30g

油　　溫：170℃

油炸時間：視麵糰表面上色而定

工　　具：油鍋、竹籤、長筷及湯
　　　　　杓（幫助麵糰翻面）

作法

1　取油鍋放七分滿的油，將油加熱至170℃。逐
　　顆將完成基本發酵的麵糰放入油鍋中油炸，一
　　面上色則迅速翻面。

2　由於油炸時，麵糰會快速澎脹，需不時以竹籤刺
　　麵糰，同時幫助麵糰熟透。

> **TIP：** 油炸所需時間可視麵糰大小及表面上色程
> 度調整。若怕不熟練，可以每次放少量的麵糰入
> 鍋，以免過熟。

牛奶哈斯

烤模規格：（無）
麵糰重量：每顆180g
烤　　溫：180℃
烤焙時間：15-18分鐘

作法

1 將完成基礎發酵的麵糰分割每顆180g。
2 分割完成的麵糰滾圓後，蓋上保鮮膜進行中間發酵20分鐘。
3 完成中間發酵後，用手輕拍麵糰排氣。
4 由麵糰中間向上下擀開。
5 翻面後由短邊捲起。
6 最後發酵約60分鐘。
7 完成發酵後於表面輕割5-6條線，即可入爐烤焙。

餐包麵糰╳直接法

餐包麵糰的水量不多,但口感依舊柔軟蓬鬆是很容易攪打的麵糰配方,用直接法搭配簡單的擀捲手法,是快速又容易上手且兼具美味的一款麵糰。攪打時如果缸邊有乾粉,可以朝缸內噴水,幫助麵糰吸收。

材料

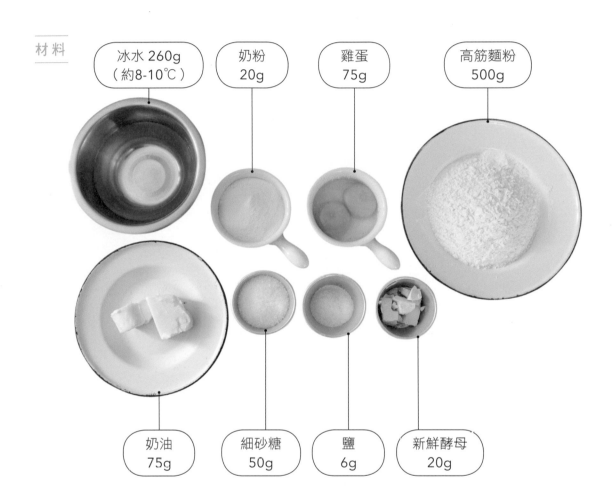

冰水 260g
（約8-10℃）

奶粉
20g

雞蛋
75g

高筋麵粉
500g

奶油
75g

細砂糖
50g

鹽
6g

新鮮酵母
20g

發酵時間

基本發酵 **50-60分鐘**
室溫28℃,溼度75%。

↓

中間發酵 **20分鐘**

↓

最後發酵 **45-50分鐘**
32-35℃,溼度85%。

作法

1 把材料中的麵粉、奶粉、細砂糖、鹽加入攪拌缸。

2 啟動攪拌機輕拌10秒，讓乾性材料略微混和。

3 將新鮮酵母剝碎，加入攪拌缸中攪打10秒讓材料混和均勻。

4 加入雞蛋與水，以低速攪打3分鐘，再以中速攪打8-10分鐘。

5 此時拉扯麵糰能出現薄膜，表示已經攪打出麵糰的筋性。

6 麵糰打出筋性後，將奶油加入，以低速攪打3分鐘，再以中速攪打3分鐘。

7 完成攪打後的麵糰溫度為27-28℃，置於溼度75℃的環境，發酵時間約為50-60分鐘，或目測麵糰約膨脹至2.5倍，即可進行分割，中間發酵與整型。

8 最後發酵時間則依分割後的麵糰重量而有不同。

小圓頂吐司

烤模規格：19.5×9.5×6cm

麵糰重量：250g

烤　　溫：上火 160℃，下火200℃

烤焙時間：25分鐘

作法

1　完成基本發酵後的麵糰，分割250g。
2　分割完成的麵糰滾圓後，蓋上保鮮膜進行中間發酵20分鐘。
3　完成中間發酵後，用手輕拍麵糰排氣。
4　麵糰由中間向上下擀開，擀開的寬度為吐司模的長度。
5　將麵糰翻面由短邊捲起。
6　捲好的麵糰放入吐司模中。
7　完成最後發酵50-60分鐘，即可入爐烤焙。

24 兩吐司

烤模規格：**24兩吐司模**

麵糰重量：1000g

烤　　溫：200℃

烤焙時間：40分鐘

作法

1　完成基本發酵後的麵糰，分割成200g，共需5份。

2　分割完成的麵糰滾圓後，蓋上保鮮膜進行中間發酵 20分鐘。

3　完成中間發酵後，用手輕拍麵糰排氣。

4　輕排氣後，將麵糰收圓，逐一排入24兩吐司模。

5　最後發酵50-60分鐘，或至吐司模八分滿，將吐司 蓋蓋上即可入爐烤焙。

梅花餐包

烤模規格：**6吋活動模**

麵糰重量：每顆60g，共6顆

烤　　溫：上火 160℃，下火200℃

烤焙時間：25分鐘

作法

1 完成基本發酵後的麵糰，分割成60g，共需6份。

2 分割完成的麵糰滾圓後，蓋上保鮮膜進行中間發酵20分鐘。

3 完成中間發酵後，用手輕拍麵糰排氣。

4 將麵糰收圓後逐一排入活動模中。

5 最後發酵約50-60分鐘，即可入爐烤焙。

餐包

烤模規格：21.5×21.5×6cm
麵糰重量：每顆60g，共18顆
烤　　溫：190℃
烤焙時間：10-12分鐘

作法

1　完成基本發酵後的麵糰，分割成60g，共需18份。

2　分割完成的麵糰滾圓後，蓋上保鮮膜進行中間發酵20分鐘。

3　完成中間發酵後，用手輕拍麵糰排氣。

4　將麵糰收圓後逐一排入烤模中。

5　最後發酵約50-60分鐘，即可入爐烤焙。

圓麵包

烤模規格：（無）
麵糰重量：300g
烤　　溫：190℃
烤焙時間：20分鐘

作法

1　完成基礎發酵的麵糰分割300g。
2　分割完成的麵糰滾圓後，蓋上保鮮膜進行中間發酵20分鐘。
3　完成中間發酵後，用手輕拍麵糰排氣。
4　將麵糰由中間往上下擀開，轉90度並翻面，由長邊捲起。
5　捲起後的麵糰，均勻搓長至40cm。
6　把一端的麵糰壓平，將麵糰圈起，另一端包入壓平的麵糰中。（類似貝果的整型手法）
7　整型完成的麵糰最後蓋上保鮮膜，發酵約30分鐘，即可入爐烤焙。

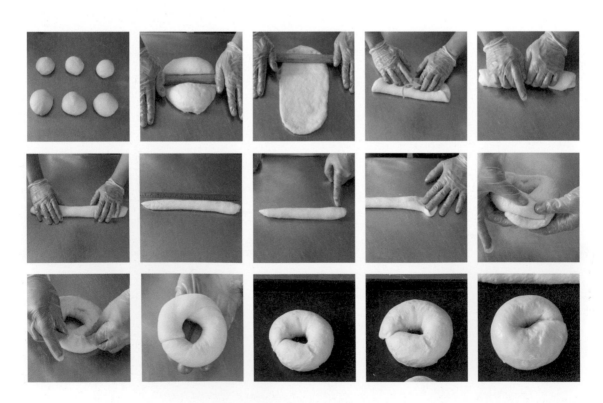

小圓麵包

烤模規格：（無）
麵糰重量：100g
烤　　溫：190℃
烤焙時間：12-15分鐘

作法

1　完成基礎發酵的麵糰分割100g。
2　分割完成的麵糰滾圓後，蓋上保鮮膜進行中間發酵20分鐘。
3　完成中間發酵後，用手輕拍麵糰排氣。
4　將麵糰由中間往上下擀開，轉90度並翻面，由長邊捲起。
5　捲起後的麵糰，均勻搓長至22cm。
6　把一端的麵糰壓平，將麵糰圈起，另一端包入壓平的麵糰中。（類似貝果的整型手法）
7　整型完成的麵糰最後蓋上保鮮膜，發酵約30分鐘，即可入爐烤焙。

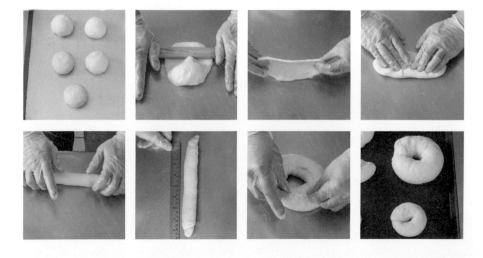

雙辮

烤模規格：（無）
麵糰重量：每條100g，2條
烤　　溫：190℃
烤焙時間：12-15分鐘

作法

1　完成基礎發酵的麵糰分割100g。

2　分割完成的麵糰滾圓後，蓋上保鮮膜進行中間發酵20分鐘。

3　完成中間發酵後，用手輕拍麵糰排氣。

4　將麵糰由中間往上下擀開，轉90度並翻面，由長邊捲起。

5　捲起後的麵糰，均勻搓長至22cm。

6　將二份搓長的麵糰一端交疊壓緊，相互纏繞，收尾處略搓捏緊。

7　整型完成的麵糰蓋上保鮮膜，最後發酵約30分鐘，即可入爐烤焙。

長橄欖型麵包

烤模規格：（無）
麵糰重量：100g
烤　　溫：190℃
烤焙時間：12-15分鐘

作法

1　完成基礎發酵的麵糰分割100g。
2　分割完成的麵糰滾圓後，蓋上保鮮膜進行中間發酵20分鐘。
3　完成中間發酵後，用手輕拍麵糰排氣。
4　將麵糰由中間往上下擀開，轉90度並翻面，由長邊捲起。
5　略整為長一點的橄欖型。
6　整型完成的麵糰蓋上保鮮膜，最後發酵約30分鐘。
7　以割線刀在表面輕劃出3-4條斜線，即可入爐烤焙。

   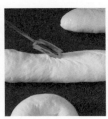 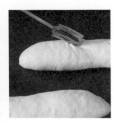

04 法國麵糰 ╳ 低溫液種法

這款法國麵糰，主要是設計搭配餐點食用，所以配方的材料少樣，麵包的味道也相對樸實，食用時不妨抹上少許的奶油，撒上海鹽來提升風味。如果想改成速發酵母，可以將「新鮮酵母的份量除以3」，但會建議以使用低糖酵母為佳。

液種麵糰

材料

水
150g

法國麵包粉
150g

新鮮酵母
1g

發酵時間

室溫發酵　1小時　➡　冷藏　14-20小時

作法

1　將所有液種材料倒入盆中，攪拌均勻。

2　置於室溫發酵60分鐘。

3　室溫發酵完成，將液種麵糰以保鮮膜封好。

4　置入冷藏室14-20小時。

主麵糰

材料

水
200g

法國麵包粉
350g

新鮮酵母
10g

鹽
10g

發酵時間

基本發酵 ➡ **中間發酵** ➡ **最後發酵**
60分鐘　　　**20分鐘**　　　**50-60分鐘**

作法

1　將冷藏的液種取出，倒入攪拌缸。

2　加入法國麵包粉、水、剝碎的新鮮酵母，以低速攪拌3分鐘。

3　加入鹽，以低速攪拌2分鐘，再以中速攪拌2分鐘。

4　在室溫中進行基本發酵60分鐘。

5　完成基本發酵後，分割成所需的重量後滾圓。

6　進行中間發酵20分鐘。

7　中間發酵結束後，進行整型。

8　最後蓋上保鮮膜，發酵時間則依麵糰大小而調整。

2-1

2-2

2-3

3

5

7

小圓法國

—

烤模規格：（無）
麵糰重量：600g
烤　　溫：上火220℃，下火210℃
烤焙時間：35分鐘

—

1 將完成基本發酵的麵糰分割600g。
2 將分割好的麵糰滾圓，進行中間發酵20分鐘。
3 完成中間發酵，用手輕拍麵糰排氣後，將周邊輕收攏成圓形。（不需滾圓）
4 最後蓋上保鮮膜，發酵50-60分鐘。
5 在麵糰表面輕篩上麵粉。
6 以割線刀在麵糰表面輕割出割線。
7 在割線處刷上橄欖油，即可入爐烤焙。

大圓法國

烤模規格：（無）
麵糰重量：600g
烤　　溫：上火220℃，下火210℃
烤焙時間：35分鐘

作法

1　將完成基本發酵的麵糰分割600g。
2　將分割好的麵糰滾圓，蓋上保鮮膜，中間發酵20分鐘。
3　完成中間發酵，用手輕拍麵糰排氣後，將麵糰收整成圓形。
4　最後蓋上保鮮膜，發酵50-60分鐘。
5　在麵糰表面輕篩上麵粉。
6　以割線刀在麵糰表面輕劃出十字割線即可入爐烤焙。

長棍

烤模規格：（無）
麵糰重量：200g
烤　　溫：上火220℃，下火210℃
烤焙時間：25分鐘

作法

1　將完成基本發酵的麵糰分割200g。

2　分割好的麵糰滾圓，蓋上保鮮膜中間發酵20分鐘。

3　完成中間發酵的麵糰，用手輕拍麵糰排氣略整成長橢圓形。

4　將麵糰由長邊捲起收口處捏緊，頭尾略捏，成長棍形。

5　最後蓋上保鮮膜，發酵50-60分鐘。

6　在表面篩上麵粉，以刀片輕割出2條斜線。

7　在割線處擠上奶油。

8　撒上海鹽，即可入爐烤焙。

長條扭旋

烤模規格：（無）
麵糰重量：250g
烤　　溫：上火220℃，下火210℃
烤焙時間：25分鐘

作法

1　將完成基本發酵的麵糰分割250g。
2　分割好的麵糰滾圓，蓋上保鮮膜中間發酵20分鐘。
3　完成中間發酵的麵糰，用手輕拍麵糰排氣。
4　將麵糰翻面，雙手各執麵糰一端，左右互旋。
5　最後蓋上保鮮膜，發酵50-60分鐘。
6　在表面篩上麵粉，即可入爐烤焙。

全麥麵糰 ✕ 熟成湯種法

全麥麵粉屬於不容易攪打出筋性的麵粉,所以這次設計配方時,將全麥麵糰搭配熟成湯種法,攪打起來麵糰會比較容易擴展。由於配方中的糖比較少,所以整型上會以吐司、大型麵包為主,讓烘烤後的麵體還是能保有足夠的水分,口感也不會過乾。最後發酵入爐前的割線,除了讓麵包有不同的造型外,也能讓麵糰裡的氣體釋放出來,不至於過度膨脹。

湯種麵糰

材料

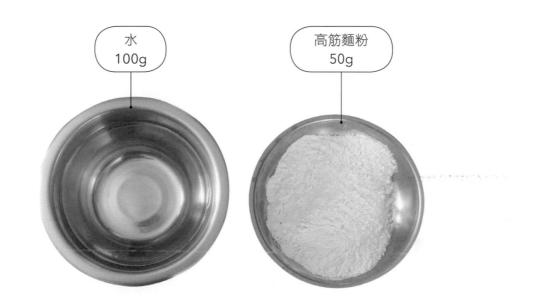

水
100g

高筋麵粉
50g

作法

1 將高筋麵粉倒入攪拌缸中。

2 水倒入鍋中煮至沸騰。

3 將煮沸的水沖入高筋麵粉中,並持續攪拌。

4 攪拌完成的湯種會呈現麻糬的感覺。

5 將稍涼的湯種密封,冷藏至隔夜14-20小時使用。

1-1

1-2

2

主麵糰

材料

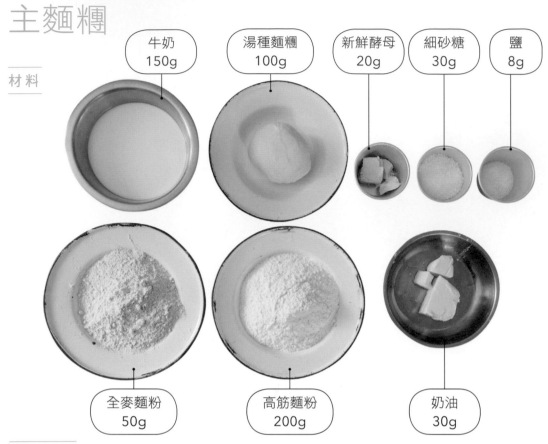

- 牛奶 150g
- 湯種麵糰 100g
- 新鮮酵母 20g
- 細砂糖 30g
- 鹽 8g
- 全麥麵粉 50g
- 高筋麵粉 200g
- 奶油 30g

發酵時間

基本發酵	⇒	中間發酵	⇒	最後發酵
60分鐘		**20分鐘**		**50分鐘**
溫度28℃，溼度75%				溫度32-35℃

作法

1　把材料中的高筋麵粉、全麥麵粉、細砂糖、鹽加入攪拌缸。

2　啟動攪拌機輕拌10秒，讓乾性材料略微混和。

3　將新鮮酵母剝碎，加入攪拌缸中攪打10秒讓材料混和均勻。

4　將牛奶及湯種麵糰加入缸中，以低速攪拌3分鐘，再以中速攪打8-10分鐘。

5　此時拉扯麵糰能出現薄膜，表示已經攪打出麵糰的筋性。

6　麵糰打出筋性後，加入奶油，以低速攪打3分鐘，再以中速攪打3分鐘。

7　以保鮮膜密封並置於室溫28℃、溼度75%的環境，發酵時間約為60分鐘，或目測麵糰約
　　膨脹至2.5倍，即可進行分割，中間發酵及整型。

8　蓋上保鮮膜，最後發酵則依分割後麵糰大小而有不同。

山峰吐司

烤模規格：**12兩吐司模**
麵糰重量：每份180g，共3份
烤　　溫：上火210℃，下火200℃
烤焙時間：30-35分鐘

作法

1　將完成基本發酵的麵糰分割出3份各180g的麵糰。
2　分割好的麵糰滾圓，蓋上保鮮膜，中間發酵20分鐘。
3　完成中間發酵後，用手輕拍麵糰排氣，滾圓。
4　將麵糰平均放入烤模中。
5　蓋上保鮮膜，最後發酵至平模。
6　在表面篩上全麥粉，即可入爐烤焙。

三角形鄉村

烤模規格：（無）
麵糰重量：350g
烤　　溫：上火210℃，下火200℃
烤焙時間：30-35分鐘

1　將麵糰分割出300g。
2　分割好的麵糰滾圓後，蓋上保鮮膜，中間發酵20分鐘。
3　完成中間發酵後，輕拍麵糰排氣。
4　由麵糰下方輕捏起邊緣向麵糰中心壓。
5　再將左上及右上的邊緣，往麵糰中心壓。
6　形成三角形後將接合處捏緊，再翻面。
7　蓋上保鮮膜，最後發酵50分鐘。
8　在麵糰表面篩上全麥麵粉。
9　以刀片在表面輕割出5-6條線條後，即可入爐烤焙。

鄉村紡錘

烤模規格：（無）
麵糰重量：300g
烤　　溫：上火210℃，下火200℃
烤焙時間：30-35分鐘

作法

1　將麵糰分割出300g。
2　分割好的麵糰滾圓後，蓋上保鮮膜，中間發酵20分鐘。
3　完成中間發酵後，輕拍平麵糰排氣。
4　將拍平的麵糰翻面後捲起，略微搓長。
5　用雙手在兩端輕壓並搓成頭尾微尖的紡錘形。
6　蓋上保鮮膜，最後發酵50分鐘。
7　篩上全麥粉。
8　在表面輕割出3條線條後，即可入爐烤焙。

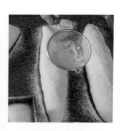

大圓鄉村

烤模規格：（無）
麵糰重量：700g
烤　　溫：上火210℃，下火200℃
烤焙時間：40分鐘

作法

1　將麵糰分割出700g。
2　分割好的麵糰滾圓，蓋上保鮮膜，中間發酵20分鐘。
3　完成中間發酵後，輕拍麵糰排氣。
4　將麵糰滾圓，蓋上保鮮膜，進行最後發酵50分鐘。
5　在麵糰表面篩上全麥麵粉。
6　以刀片在表面輕割出線條造型後，即可入爐烤焙。

06 裸麥麵糰╳冷藏發酵種法

裸麥麵糰由於筋性極低，麵糰的保溼性也不夠好，所以老師使用冷藏發酵種的方式，整型也以大顆的鄉村麵包造型，在烘烤後能將水份保留在麵包體裡。

冷藏發酵種麵糰

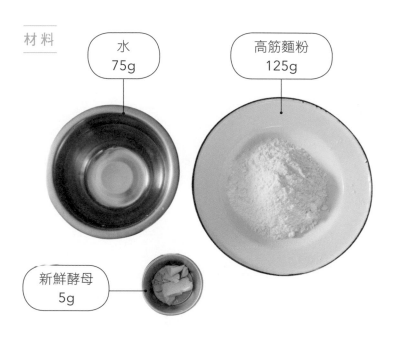

材料

水 75g

高筋麵粉 125g

新鮮酵母 5g

發酵時間

冷藏發酵　14-20小時

作法

1　將所有材料攪拌均勻。

2　密封後直接冷藏發酵 14-20小時。

主麵糰

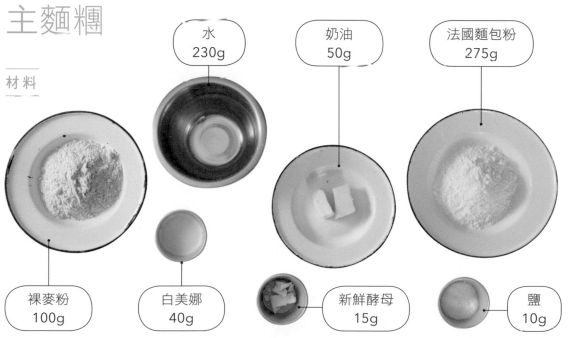

材料

水 230g

奶油 50g

法國麵包粉 275g

裸麥粉 100g

白美娜 40g

新鮮酵母 15g

鹽 10g

基本發酵 ➡ 中間發酵 ➡ 最後發酵
50分鐘　　　　15-20分鐘　　　40-50分鐘

作法

1 把材料中的法國麵包粉，裸麥粉，鹽加入攪拌缸中。

2 啟動攪拌機輕拌10秒，讓乾性材料略微混和。

3 將新鮮酵母剝碎。

4 剝碎的新鮮酵母加入攪拌缸中，攪打10秒讓材料混和均勻。

5 將白美娜、水及冷藏發酵種麵糰加入缸中，以低速攪拌3分鐘，再以中速攪打6-8分鐘。

6 此時拉扯麵糰能出現薄膜，表示已經攪打出麵糰的筋性。

7 麵糰打出筋性後，加入奶油，以低速攪打3分鐘，再以中速攪打3分鐘。

8 以保鮮膜密封並置於室溫28℃進行基礎發酵。發酵時間約為40-50分鐘，或目測麵糰約膨脹至2.5倍，即可進行分割，中間發酵及整型。

9 蓋上保鮮膜，最後發酵則依分割後麵糰大小而有不同。

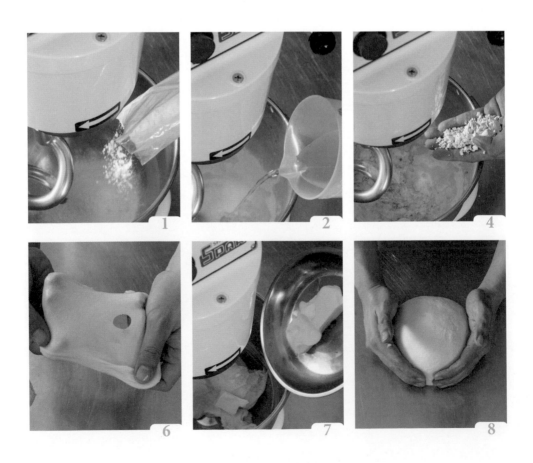

圓形裸麥

烤模規格：（無）
麵糰重量：300g
烤　　溫：上火200℃，下火210℃
烤焙時間：25-30分鐘

作法

1　將完成基本發酵的麵糰分割300g。
2　分割好的麵糰滾圓後，蓋上保鮮膜，中間發酵20分鐘。
3　完成中間發酵後，輕拍麵糰後排氣滾圓。
4　蓋上保鮮膜進行最後發酵40-50分鐘。
5　完成最後發酵，在麵糰表面篩上裸麥粉。
6　用刀片在表面輕割出線條。
7　於割線處刷入橄欖油，即可入爐烤焙。

大圓裸麥

烤模規格：（無）
麵糰重量：600g
烤　　溫：上火200℃，下火210℃
烤焙時間：30分鐘

TIP：這款麵糰刻意不刷橄欖油，可以品嘗出最純樸的麥香。

作法

1　將完成基本發酵的麵糰分割600g。
2　分割好的麵糰滾圓，蓋上保鮮膜，進行中間發酵20分鐘。
3　完成中間發酵後，輕拍麵糰排氣。
4　由短邊捲起，將麵糰收圓。
5　蓋上保鮮膜進行最後發酵40-50分鐘。
6　完成最後發酵後，在麵糰表面篩上裸麥粉。
7　在表面輕割出線條，即可入爐烤焙。

胖法國裸麥

烤模規格：（無）
麵糰重量：300g
烤　　溫：上火200℃，下火210℃
烤焙時間：25-30分鐘

作法

1　將完成基本發酵的麵糰分割300g。

2　分割好的麵糰滾圓，蓋上保鮮膜，進行中間發酵
　　20分鐘。

3　完成中間發酵後，輕拍麵糰排氣。

4　由短邊捲起，成胖胖的橄欖型。

5　蓋上保鮮膜進行最後發酵40-50分鐘。

6　完成最後發酵，在麵糰表面篩上裸麥粉。

7　在表面輕割出線條。

8　於割線處刷入橄欖油，即可入爐烤焙。

07 貝果麵糰 ✕ 直接法

貝果麵糰除了一般的貝果以外，在這裡還可以偽裝成非常受歡迎的佛卡夏，以及義式麵包棒。超簡單的配方與作法，可以用最短的製作時間，得到散發著橄欖油香氣的麵包。

想要做出貝果特有的脆皮口感和光亮的表面，讓完成發酵的麵糰先在熱水裡燙過再入爐烘烤，就是關鍵。燙熱水可以讓麵糰的表面糊化，熱水裡加了鹽，可以讓表皮有咬勁，糖則可以讓表面上色，如果想要貝果更上色，可以酌量增加糖的比例。燙貝果的時間約莫是雙面各30秒。太短，則糊化的效果不夠；太長，則會表皮變爛。

貝果麵糰是無須要攪打出薄膜的快速麵糰，所以筋性也不會像其他麵糰那麼具有彈性，但這就是貝果吃起來具有Q度的關鍵。這款貝果麵糰除了佐餐以外，建議試試搭配特別設計的抹醬，創造出更多變化。

材料

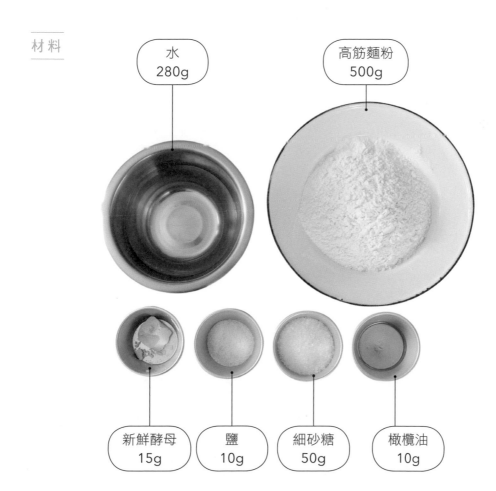

水 280g

高筋麵粉 500g

新鮮酵母 15g

鹽 10g

細砂糖 50g

橄欖油 10g

基本發酵 ➡ 中間發酵 ➡ 最後發酵
30分鐘　　　　15分鐘　　　　30-40分鐘

作 法

1　所有材料全部加入攪拌缸，以低速攪拌3分鐘，再以中速攪拌5分鐘。

2　麵糰終溫為26℃，以保鮮膜密封並置於室溫28℃進行基礎發酵30分鐘。

3　完成基本發酵後，即可進行分割，中間發酵及整型。

4　最後蓋上保鮮膜，發酵的時間則依分割後麵糰大小而有不同。

5　最後發酵完成前，準備一鍋水，加入材料中的鹽、細砂糖。

6　將水加熱至沸騰，水沸騰後將貝果逐一放入。

7　每面各燙30秒後輕撈起，即可入爐烤焙。

圓形貝果

烤模規格：（無）

麵糰重量：每顆120g

熱　　水：水1L、鹽10g、糖20g

烤　　溫：上火220℃，下火200℃

烤焙時間：18-20分鐘

作法

1　完成基礎發酵的麵糰分割120g。

2　分割好的麵糰滾圓，蓋上保鮮膜，進行中間發酵15分鐘。

3　完成中間發酵後，輕拍麵糰排氣。

4　由麵糰中間向上下擀開，轉90度後，由長邊捲起。

5　將捲起的麵糰搓長，擀平一端，將另一端包覆。

> ▶ TIP：亦可將搓長的麵糰先各持一端向上下旋轉後，再包覆，做出不同圓貝果造型。

6　蓋上保鮮膜進行最後發酵30分鐘。

7　最後發酵快完成前，準備一鍋水，加入鹽、糖。

8　將水加熱至沸騰，水沸騰後將貝果逐一放入。

9　每面各燙30秒後輕撈起，即可入爐烤焙。

蝴蝶結貝果

烤模規格：（無）

麵糰重量：每顆120g

熱　　水：水1L、鹽10g、糖20g

烤　　溫：上火220℃，下火200℃

烤焙時間：18-20分鐘

作法

1　完成基礎發酵的麵糰分割120g。

2　分割好的麵糰滾圓，蓋上保鮮膜，進行中間發酵15分鐘。

3　完成中間發酵後，輕拍麵糰排氣。

4　由麵糰中間向上下擀開，轉90度後，再擀開，讓麵糰展開接近圓形。

5　自麵糰中心點向外緣，中心不切斷的方式，朝中上，左下及右下，平均各切一刀。

6　左上及右上的麵糰，向下對折，將收口處捏緊。

7　再將下中的麵糰向上包覆，形成蝴蝶結中心的造型。

8　蓋上保鮮膜進行最後發酵30分鐘。

9　最後發酵快完成前，準備一鍋水，加入鹽、糖。

10　將水加熱至沸騰，水沸騰後將貝果逐一放入。

11　每面各燙30秒後輕撈起，即可入爐烤焙。

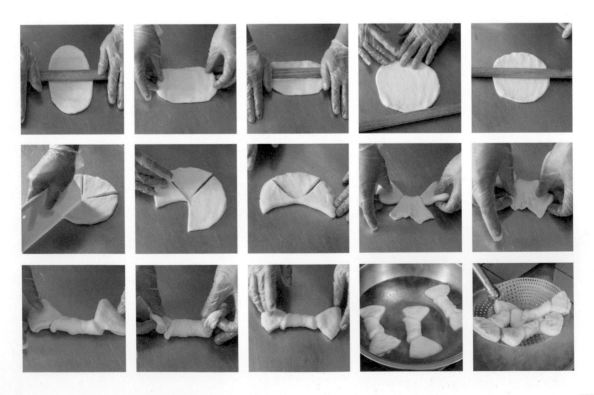

佛卡夏

烤模規格：（無）

麵糰重量：200g

烤　　溫：上火220℃，下火200℃

烤焙時間：16-18分鐘

作法

1　將完成基本發酵的貝果麵糰分割200g。

2　分割好的麵糰滾圓，蓋上保鮮膜，進行中間發酵15分鐘。

3　完成中間發酵後，輕拍麵糰排氣。

4　由麵糰的中心向上下擀長後，翻面。

5　蓋上保鮮膜進行最後發酵30分鐘。

6　最後發酵完成，在麵糰表面刷上一層橄欖油。

7　用手指在麵糰表面戳出規律的洞。

8　在麵糰表面均勻撒上鹽即可入爐烘烤。

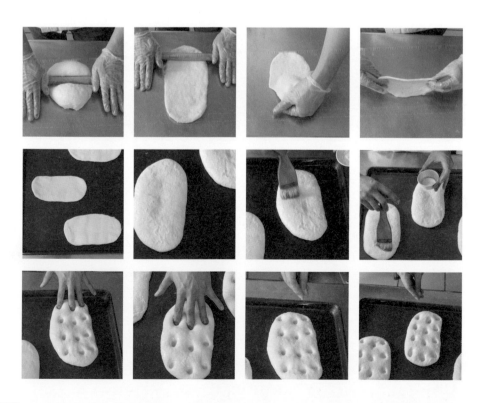

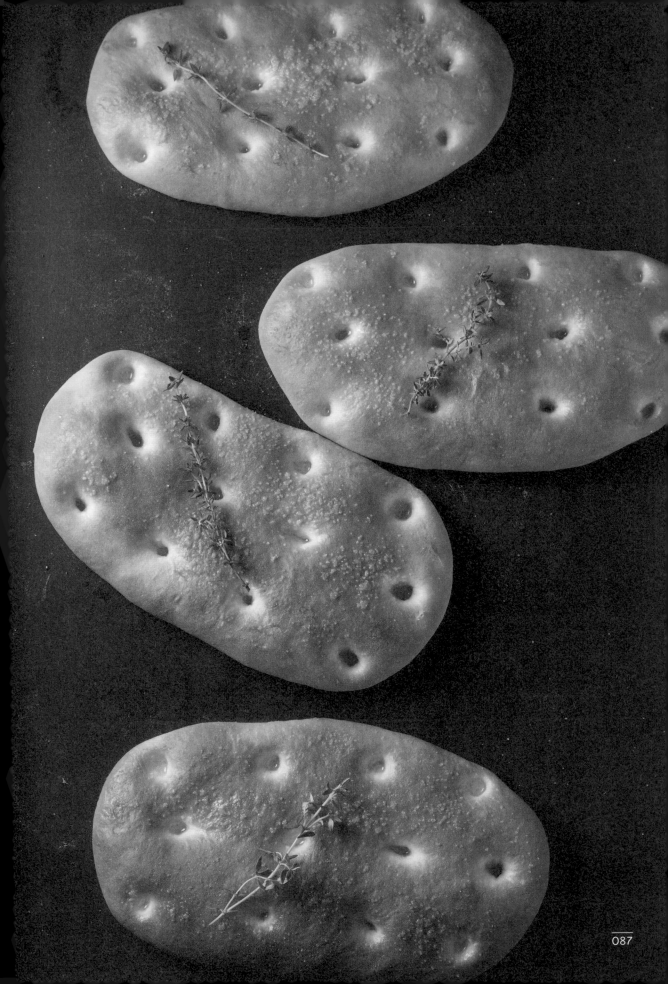

義式佛卡夏

烤模規格：（無）
麵糰重量：200g
烤　　溫：上火220℃，下火200℃
烤焙時間：16-18分鐘

作法

1　將完成基本發酵的貝果麵糰分割200g。
2　分割好的麵糰滾圓，蓋上保鮮膜，進行中間發酵15分鐘。
3　完成中間發酵後，輕拍麵糰排氣滾圓。
4　蓋上保鮮膜進行最後發酵30分鐘。
5　最後發酵完成，在麵糰表面刷上一層橄欖油。
6　在麵糰表面撒上鹽及義式香料後，即可入爐烘烤。

THE GREEN MAR
QUALITY FREIGHT
12.65 x 11.40

" 搭配麵包的料理，

可以用全麥裸麥法國切片，疊上一片微酸的魚片，

或是裹上滿滿乳脂香氣的奶油乳酪或乳酪料理，

就成了歐式麵包的 tapas，或是開胃的前菜。 "

Part 2
輕食料理

無論是喜歡夏天涼爽開胃的料理，
或來一鍋暖心暖胃的燉鍋料理，
麵包佐上濃醇醬汁，一口一口沾著吃，
甚至連深夜食堂，這裡都替你準備好了。

雞肉 水煮雞肉火腿

低熱量輕食料理，用油潤漬較為澀口的雞胸肉，搭配各式醬料，無論是喜歡油醋醬、芥末籽醬，還是輕輕撒上柚子胡椒鹽，都是一道爽口的料理。

材料（2人份）

去皮雞胸肉	1大片
	（約600g）
鹽	3-4g
橄欖油	適量

作法

1. 去皮雞胸肉洗淨後，橫切攤開，撒上鹽，正反抹勻。
2. 雞肉兩面抹上橄欖油後捲起，以棉繩綑綁。
3. 雞肉捲以保鮮膜完整包覆，形成油封效果，冷藏靜置一晚。
4. 取一鍋冷水，放入已靜置1晚、去除保鮮膜的雞肉捲，中火煮至水滾後立即關火。
5. 不立即撈起雞肉捲，繼續浸燜10分鐘後，取出放涼。
6. 去除剪掉線繩後，切片擺盤即可。

建議搭配

醬料
P.209傳統油醋醬、
芥末籽醬、柚子胡椒鹽

麵包
P.82-85貝果（抹上P.178-179
黑胡椒培根乳酪抹醬）
P.41小圓餐包

雞肉 油煎黑胡椒雞肉

用油煎的方式,把雞胸肉表面煎得香酥,肉汁鎖在裡面,搭配麵包特別順口。

材料(2人份)

去皮雞胸肉	1片
	(約600g)
鹽	3-4g
橄欖油	30ml
黑胡椒	少許
高麗菜絲、台式美乃滋	
	適量

作法

1 以鹽抓醃雞胸肉,靜置10-15分鐘。

2 熱鍋後將雞肉放入,煎約3-4分鐘後翻面並加蓋,小火燜煎至熟透。

3 切片擺盤,撒上少許黑胡椒,可搭配高麗菜絲和台式美奶滋就很美味。

建議搭配

醬料 台式美奶滋

麵包 P.29-30咕咕霍夫

和風野菜雞肉春雨

汆燙後涼拌，搭配麵包享用，是一道有飽足感又熱量超低的和風料理。

材料（2人份）

冬粉	50g
雞胸肉	100g
鹽	少許
茼蒿	1小把
白芝麻	少許
辣椒	適量（切片）
香菜	少許

醬汁

水果醋	40ml
蜂蜜	30ml
薄口醬油	20ml
橄欖油	15ml

作法

1　冬粉洗淨後煮軟備用。
2　茼蒿以鹽水汆燙熟後備用。
3　雞胸肉以鹽抓醃，靜置15分鐘。
4　煮沸一鍋水，燙煮步驟 3，待雞胸肉熟後撈起放涼，撕成雞肉絲。
5　取平盤放入冬粉、茼蒿菜以及雞絲。
6　醬汁材料全部調勻。
7　將步驟 6 淋至步驟 5 上。
8　最後撒上白芝麻、辣椒片、香菜葉裝飾即可。

建議搭配

麵包　P.58雙辮

雞肉 蘑菇佐白酒蒸雞肉

稍微拌炒再蒸熟就可以上桌，是一道融合淡淡酒香與奶油蒜香的低卡輕食料理。

材料（2人份）

新鮮蘑菇	6朵
奶油	適量
蒜頭	1瓣切片
雞柳條	200g
鹽	少許
低筋麵粉	5g
白酒	30ml

作法

1　新鮮蘑菇整朵直接以奶油，蒜片，少許鹽，炒至半熟即可。

2　將雞柳條加入低筋麵粉，鹽拌勻。

3　取蒸盤擺入步驟 2，再擺上炒半熟的蘑菇。

4　淋上白酒，放入蒸盤，蒸約3-5分鐘。

5　蒸好撒上少許鹽調味即可。

> **TIP：**擺盤時可以放上新鮮百里香、迷迭香或羅勒葉。

建議搭配

麵包
P.40排包

雞肉

雞肉馬鈴薯蒸野菜

同樣的材料，只要在蒸好時，加入一塊咖哩塊或15g的咖哩粉調味，搖身一變就成為咖哩口味的濃醇料理。由於花椰菜蒸煮太久容易變色，蒸煮時要稍晚再放入。

材料（3-4人份）

去皮雞胸肉	150g
麵粉	少許
鹽	少許
馬鈴薯	2顆
綠花椰菜	100g
小番茄	10顆
橄欖油	30ml
白酒	100ml
月桂葉	1片
鹽、黑胡椒	適量

作法

1　雞胸肉切大丁，以麵粉與鹽抓醃過。

2　蔬菜洗淨後，馬鈴薯去皮切小丁；綠花椰菜切小朵；小番茄去蒂備用。

3　取一鑄鐵鍋放入馬鈴薯、雞胸肉、整顆小番茄，再均勻倒入橄欖油與白酒，並放上月桂葉，蓋上鍋蓋蒸煮5分鐘。

4　開蓋再均勻放入綠花椰菜，續蒸煮5分鐘即可關火上桌。

建議搭配

麵包
P.35鹹乳酪麵包

豬肉 豬五花與酥脆培根 佐水煮蘆筍

把培根煎得香酥脆，燙熟的五花肉有軟嫩的口感，搭配著綠色的蘆筍，春日早午餐的美麗風景，就這麼恣意地在餐桌上綻放。

材料（2人份）

培根	4片
薄片豬五花	8片
蘆筍	3-4根
粗海鹽、黑胡椒	適量
橄欖油	1小匙
鹽	少許
新鮮百里香	少許

作法

1 培根整片煎至酥脆，備用。

2 薄片豬五花燙熟，備用。

3 蘆筍燙熟，用粗海鹽及黑胡椒調味。

4 將培根片與豬肉片擺盤，淋上橄欖油，撒上少許鹽調味。

5 最後將蘆筍擺上，放上新鮮百里香當成裝飾即可端上桌。

建議搭配

麵包
P.41餐包

豬肉 照燒豬五花

用油煎加燉煮的方式，在家就能呈現出居酒屋的招牌下酒菜，豬五花肉片還可以捲起不同的材料做口味的變化，諸如金針菇、秋葵、蘆筍、鑫鑫腸等，如果再搭配芝麻葉或高麗菜絲，又能變成一道既具飽足感又清爽的料理。

材料（2人份）

薄片豬五花	8片
橄欖油	適量
七味粉、白芝麻	適量

醬汁

醬油	30ml
清酒	30ml
味醂	20ml

作法

1　將薄片豬五花攤開鋪平後捲起，用竹籤固定。

2　以適量橄欖油小火微煎捲起的豬五花肉，表面稍微變色即可起鍋備用。

3　不換鍋，放入醬汁材料，小火煮滾。

4　待步驟 3 的香氣釋出後，將步驟 2 的五花肉捲放入續煮至熟。

5　起鍋後在表面撒上七味粉及白芝麻即可。

建議搭配

麵包　P.86-89佛卡夏

豬肉 胡麻豆腐豬肉

嫩豆腐可以用芙蓉豆腐或是雞蛋豆腐，但雞蛋豆腐會建議要先汆燙過，會更有味道。醬汁除了配方中的胡麻醬，亦可搭配各式的油醋醬，是一道適合用杯子呈現既簡單又清爽的前菜。

材料（2人份）

嫩豆腐　　　　　　　1小塊
薄片豬五花　　　　　　8片
蔥花、白芝麻、胡麻醬
　　　　　　　　　　適量

作法

1　嫩豆腐用清水略沖後切小方塊，放入容器底部。
2　將薄片豬五花肉燙熟，擺在豆腐上方略捲出造型。
3　淋上胡麻醬。
4　表面撒上蔥花與白芝麻即可。

建議搭配

醬料	P.209芝麻油醋醬
麵包	P.51 24兩吐司

牛肉 義式番茄燉牛肉

這款料理用番茄的酸甜，將牛肉熬煮得軟嫩，再以麵包沾取濃郁的醬汁，保證清得一乾二淨，連盤子都不用洗。如果醬汁已熬煮至濃稠，但牛肉尚未達到合適的軟硬度，可以酌量加水續煮。

材料（3-4人份）

洋蔥⋯⋯⋯⋯⋯⋯1顆
牛肉塊⋯⋯⋯⋯⋯200g
橄欖油⋯⋯⋯⋯⋯20ml
水煮番茄罐頭⋯⋯⋯1罐
　　　　　　（約200g）
鹽、義大利香料、黑胡椒
⋯⋯⋯⋯⋯⋯少許

作法

1　洋蔥洗淨去皮切丁，備用。
2　起鍋以橄欖油煎牛肉塊至半熟後取出，備用。
3　同一鍋中放入洋蔥丁，中小火炒至透明，邊緣帶些焦黃。
4　在步驟 **3** 放入步驟 **2** 略微拌炒，再加入水煮番茄罐續煮。
5　牛肉熬煮至喜好的軟硬度，最後用少許的黑胡椒、鹽以及
　　義大利香料調味，即可端上桌享用。

建議搭配

麵包
味道質樸的硬式麵包，
例如P.70全麥山峰吐司
或P.71-73全麥鄉村

牛肉 義式番茄牛肉湯

材料及作法與前一道義式番茄煮牛肉大致相同，這裡多加了高湯，煮成了湯品，在冷冷的天，遞上一碗溫暖。如果沒有牛骨高湯，也可以用清水代替。

材料（3-4人份）

洋蔥	1顆
牛肉塊	200g
橄欖油	20ml
水煮番茄罐頭	1罐
	（約200g）
牛骨高湯	500ml
	（可用水代替）
月桂葉	1片
鹽、義大利香料、黑胡椒	
	少許

作法

1　洋蔥洗淨去皮切丁，備用。

2　起鍋以橄欖油煎牛肉塊至半熟後取出，備用。

3　同一鍋中放入洋蔥丁，中小火炒至透明，邊緣帶些焦黃。

4　在步驟 **3** 放入步驟 **2** 略微拌炒，再加入水煮番茄罐，再加入500g的牛骨高湯，並放入一片月桂葉續煮。

5　牛肉熬煮至喜好的軟硬度，最後用少許的黑胡椒、鹽以及義大利香料調味，即可端上桌享用。

建議搭配

麵包
P.29-30咕咕霍夫
P.62-63大圓法國

小黃瓜辣拌牛肉片

食材簡單的涼拌菜，而且只需要汆燙和切絲就完成，如果再搭配泡菜、辣豆芽菜或是辣海帶芽，就變身為韓式風格料理。

材料（2人份）

牛肉薄片	4片
冬粉	20g
小黃瓜	半條
香菜	少許

醬汁

醬油	10ml
白醋	10ml
白芝麻	10ml
辣油	15ml

作法

1 牛肉片燙熟，備用。
2 冬粉煮熟，備用。
3 小黃瓜洗淨後切絲，備用。
4 盤上擺入冬粉、小黃瓜絲，再放上牛肉片。
5 將醬汁材料拌勻後淋上步驟**4**，最後用香菜裝飾即可。

建議搭配

麵包
P.41餐包
P.55-56圓麵包
P.62-63夾入法國麵包
讓麵包體吸入湯汁

牛肉 莊園巧克力燉牛肉

用巧克力燉牛肉？聽起來很不可思議，但搭配起來卻是絕妙好滋味。利用純度高且品質好的巧克力，而非一般加糖加奶後的調味巧克力，除了能為燉煮後的肉味提鮮以外，更添入了可可豆熟成的深沉香氣，絕對顛覆你的想像。切塊的牛肋條可以豪邁地切大塊，以免燉煮後變小。

材料（4-6人份）

培根	50g	**醬汁**	
橄欖油	20g	高湯	150ml
牛肋條	500g	紅酒	150ml
洋蔥	1顆	檸檬汁	20ml
大蒜	2瓣	番茄糊	30g
可可聯盟苦甜巧克力		檸檬皮	少許
（70%）	50克		
百里香	少許		

作法

1 起鍋以橄欖油炒培根與切大塊的牛肋條至半熟，取出備用。

2 不換鍋，利用剩下的油脂中小火炒熟切塊的洋蔥與大蒜。

3 將步驟1倒回鍋中，加入醬汁，續煮到滾後，再用小火熬煮5-10分鐘。

4 最後加入苦甜巧克力，攪拌均勻，待巧克力全融化後，放上少許百里香即可。

建議搭配

麵包
P.70-73全麥麵包
P.62-67法國麵包

咖哩燉牛肉

材料作法與巧克力燉牛肉幾乎相同，此處則多加了馬鈴薯紅蘿蔔，並添加了水量去熬煮，把蔬菜的甜味煮出來，再加入咖哩塊。很多日本咖哩都會加些巧克力，除了提味還能增加醬汁的濃稠度，嘗起來還會帶點可可苦甜的香氣。

材料（4-6人份）

橄欖油	20g
牛肋條	500g
培根	50g
洋蔥	1顆
大蒜	2瓣
紅蘿蔔	100g
馬鈴薯	100g
可可聯盟苦甜巧克力（70％）	50g
咖哩塊	2塊
百里香	少許
鮮奶油、奶油	少許

醬汁

高湯	150ml
紅酒	150ml
檸檬汁	20ml
番茄糊	30g
水	500ml
檸檬皮	少許

作法

1 起鍋以橄欖油炒培根與切塊的牛肋條至半熟。
2 將洗淨去皮並切塊的洋蔥、大蒜放入鍋中同炒。
3 加入醬汁及切成小丁的紅蘿蔔與馬鈴薯，續煮至滾。
4 加入苦甜巧克力、咖哩塊、百里香與檸檬皮，以小火熬煮15分鐘。
5 盛盤後淋上少許鮮奶油與奶油。

建議搭配

麵包
P.71全麥三角形鄉村

牛肉 孜然牛肉焗紫茄

大漠風情料理，有了孜然提點肉的油香，滋味十足。另外也可用豬絞肉或羊絞肉代替牛絞肉都很合適。如果沒有胖茄子，試著改用台客風格的苦瓜，也會有不同的感覺。

材料（2人份）

胖茄子	1條
牛絞肉	100g
培根	20g
蛋黃	1顆份
洋蔥	25g
大蒜	5g
孜然、鹽、胡椒	適量
橄欖油、乳酪絲	各30g

作法

1　胖茄子洗淨後帶皮對切，將中間的果肉挖出。

2　培根、大蒜與洋蔥均切碎。

3　將牛絞肉與蛋黃混和步驟 **2** 的材料，再加入孜然、鹽、胡椒、橄欖油後混拌均勻，塞入茄子中。

> **TIP:** 牛絞肉亦可用豬、羊絞肉替換。

4　在表面撒上乳酪絲，用上下火200℃入爐烘烤，約烤18-22分鐘即可上桌。

建議搭配

麵包
P.76-79裸麥麵包

海鮮 義式酥炸海鮮拼盤

義式酥炸海鮮拼盤除了擠上檸檬汁，也很適合搭配油醋醬、塔塔醬以及凱薩沙拉醬等。如果想要更豐盛，還可以加入各式海鮮，如魚片、干貝等。

材料（2人份）

蝦子	6隻
小卷	1隻
小番茄	5顆
新鮮檸檬	1顆
炸油	適量
新鮮羅勒葉	適量

油炸粉

高筋麵粉	100g
現刨帕瑪森乳酪粉	50g

作法

1　蝦子洗淨去沙，清理後留頭尾，小卷切成圈。

2　將蝦子與小卷擦乾沾上油炸粉。

3　適量炸油加熱至150℃，將蝦子與小卷放入鍋中油炸至熟透撈起瀝乾殘油。

4　小番茄對半切，將海鮮擺入盤中。

5　放上新鮮羅勒葉，並將檸檬切角狀放邊緣，食用時再擠上。

建議搭配

麵包　P.28-37香軟的奶油麵糰

建議搭配

麵包
加了奶油醬的P.62-67法國麵包
P.70-73全麥麵包
P.76-79裸麥麵包

海鮮 松露醬牡蠣佐烤杏鮑菇

以油泡法煮牡蠣，是一種來自北海道的料理方式，可以保持牡蠣的鮮度。除了佐上黑松露醬外，搭配P.209的檸檬油醋醬也非常適合。

材料（2人份）

牡蠣	10-15個
	（視牡蠣大小）
沙拉油	100ml
杏鮑菇	2條
黑胡椒、海鹽、	
黑松露醬、金箔	適量
蒔蘿葉、柑橘果粒	適量

作法

1　杏鮑菇洗淨後切厚片，撒上黑胡椒及適量海鹽後，烤熟，備用。

2　牡蠣洗淨並擦乾，備用。

3　深鍋加入沙拉油，加熱至微溫。

4　開小火，放入牡蠣，炸至表面一膨脹就馬上關火，在油裡燜30秒後，立即撈起瀝乾油。

5　將烤好的杏鮑菇鋪在盤子底部，放上牡蠣。

6　舀取適量黑松露醬鋪在牡蠣上，並撒上少許金箔。

7　以蒔蘿葉及柑橘果粒裝飾即可上桌。

海鮮 玫瑰柑橘漬鮭魚

帶有果香與微酸的清新口味的涼拌料理，利用柑橘醬汁來熟成魚肉，並可保有魚片鮮嫩的口感。材料上建議要使用生魚片等級的魚肉。

材料（2人份）

鮭魚生魚片	100g
柑橘果肉	30g
紅洋蔥	20g
橄欖油	10ml
乾燥玫瑰花、蒔蘿葉	
	適量

柑橘醬汁

新鮮柑橘汁	15ml
新鮮檸檬汁	10ml
鹽	2g

作法

1 將柑橘醬汁的材料拌勻。

2 鮭魚生魚片浸入步驟 **1** 的醬汁中10分鐘。

3 取出浸漬過的鮭魚片，鋪在盤上。

4 柑橘果肉和切小丁的紅洋蔥撒在魚片上。

5 將柑橘醬汁淋上，最後再淋上橄欖油。

6 最後撒上少許的乾燥玫瑰花及蒔蘿葉裝飾即可。

建議搭配

麵包

P.62-67法國麵包
P.76-79裸麥麵包

海鮮 油封炙燒鮪魚

用淋上橄欖油的方式帶來油封的效果，炙燒魚片有著烘烤的香氣，淋上一點義大利烏醋畫龍點睛，想像自己正在地中海郵輪的甲板上做日光浴吧。

材料（2人份）

鮪魚生魚片	200g
蘿蔓葉	2片
橄欖油	30ml
柚子胡椒鹽	適量
義大利烏醋	適量
新鮮檸檬丁	適量

作法

1　以噴槍炙燒鮪魚生魚片的表面。
2　取蘿蔓葉為底，擺上炙燒的鮪魚生魚片。
3　淋上橄欖油，撒少許柚子胡椒鹽。
4　以義大利烏醋裝點盤面，放上新鮮檸檬丁即可。

建議搭配

麵包
P.62-67法國麵包
P.70-73全麥麵包

番茄烤油漬沙丁魚

烤過的大蒜與番茄香氣逼人，再加上充滿Omega-3的沙丁魚，搭配裸麥麵包的粗獷口感，完成一道充滿北歐風情的料理就是這麼簡單。如果你非常喜歡蒜頭，也可以只放蒜頭不放番茄，就會變成一道蒜頭烤油漬沙丁魚，隨心調配，有何不可？

材料（2人份）

油漬沙丁魚	1罐
	（120g）
小番茄	10顆
黑胡椒	適量
橄欖油	50ml
新鮮蒜頭	兩瓣
百里香葉	適量

作法

1　取出沙丁魚瀝乾醬汁。

2　將小番茄（不需切開）、新鮮蒜頭（不需切開）與橄欖油及黑胡椒混和。

3　將沙丁魚放入烤皿，擺上步驟 **2**，以上下火各200℃烤溫，入烤箱烤約10分鐘。

4　烤完取出，然後擺上百里香葉裝點即可。

建議搭配

麵包　P.76-79裸麥麵包

海鮮 芭樂拌汆燙鯛魚

很具台菜風格的一道料理，使用混和了梅子粉的芭樂來佐菜。如果用汆燙或清蒸容易讓魚肉過熟，喪失風味，所以一定要用熱水沖過的魚片，才會有剛好的熟度。

材料（2人份）

新鮮芭樂	半顆
梅子粉	適量
鯛魚片	100g（不帶皮）

醬汁

新鮮檸檬汁	15ml
芝麻油	10ml
昆布醬油	10ml

作法

1 芭樂洗淨後切丁，混和梅子粉，放置10-20分鐘入味。

2 取乾淨的布巾蓋住整塊鯛魚片，沖足夠的熱水讓鯛魚片的單面上色後，隨即以冰水冰鎮。

3 將醬汁材料混和均勻備用。

4 冰鎮的魚片切成丁狀，擺入容器，淋上步驟3的醬汁，撒上芝麻。也可以另外添加一些七味粉增色並提味。

5 把混和好的芭樂鋪放盤緣。用金針花、菊花或紫蘇葉裝飾會更增色。

建議搭配

麵包
P.31有著肉桂香味的
迷你吐司

建議搭配

麵包
P.35鹹乳酪麵包

海鮮 芥末魷魚沙拉

充滿日式風味的一道海鮮料理，搭上微嗆的山葵，當做宴客的前菜也很適合。食材中的魷魚可以用章魚腳或花枝替換。油菜燙熟再切，會更好做盤飾的造型，如果怕在汆燙的時候，菜葉散掉，可以先用棉線稍微綁住。另外，若想要餐點呈現清脆的口感，也可以試著將油菜換成芹菜。

材料（2-3人份）

魷魚	100g
油菜	1小束
山葵泥	5g

醬汁

橄欖油	20ml
柴魚醬油	20ml
黑胡椒	3g
洋蔥末	20g
蒜末	1瓣份

作法

1. 魷魚洗淨，去除表面黏液後燙熟並切片。
2. 油菜燙熟後切段，與魷魚擺盤。
3. 醬汁材料混和均勻，淋在步驟 **2** 上。
4. 將山葵泥擺在旁邊即可（也可以撒上少許七味粉）。

建議搭配

麵包
P.35鹹乳酪麵包

海鮮 蒲燒鰻拌紫蘇旗魚

成人限定料理,有著濃厚風味的蒲燒鰻,混入清酒醬汁的炙燒旗魚,夏夜晚風中的微醺滋味,可別錯過。這道料理除了蒲燒鰻以外,改用烏魚子也很適合。只要先將泡過高粱的烏魚子烘烤後,磨成粉,撒在料理上,或是用魚片去沾裹,再薄切一片烏魚子做裝飾即可。

材料(2人份）

旗魚	100g
	（需生魚片等級）
蒲燒鰻	30g
紫蘇葉	2片
金桔	1顆
鹽	少許
清酒	20ml
芝麻油	10ml

作法

1　以噴槍將旗魚表面炙燒後切丁。
2　紫蘇葉切碎;金桔擠汁,混和鹽、清酒及芝麻油拌均。
3　旗魚丁拌入步驟**2**中。
4　旗魚丁盛盤後,將蒲燒鰻鋪在最上層即可。

海鮮 蜂蜜芥末蝦拌酪梨洋蔥

這是一道變化多端的海鮮沙拉的料理。蝦子的作法除了汆燙，也可以用炸的，可視個人喜好調整。如果想用日式美奶滋替換台式美奶滋，最後可以撒上煎得酥脆的培根，讓料理上桌時，散發出油潤的香氣。或者也可以搭配當季的水果，像是草莓、覆盆子等當季水果，帶出另一種酸甜的效果。

材料（2人份）

蝦子	8尾	**醬汁**	
太白粉	適量	蜂蜜	15ml
白酒	適量	黃芥末	15g
酪梨	100g	台式美乃滋	50g
洋蔥	30g		
帕瑪森乳酪粉	少許		
蒔蘿葉	少許		
匈牙利紅椒粉	少許		

作法

1 蝦子洗淨處理後去殼、去頭尾，以太白粉與酒抓醃後，燙熟。

2 酪梨挖出果肉後，切大丁。

3 洋蔥洗淨去皮後切成小丁。

4 將醬汁材料混和均勻，將步驟 **1** 至 **3** 倒入混和。

5 盛盤後的沙拉，撒少許帕瑪森乳酪粉，放上蒔蘿葉，邊緣點綴匈牙利紅椒粉增色。

> **TIP：** 也可撒些許蔓越莓果乾或杏仁片等，增添酸甜的風味和爽脆的口感。

建議搭配

麵包
P.46炸甜甜圈麵包

無花果干貝蘿蔓沙拉

無花果的風味，與海鮮十分合拍，所以除了干貝以外，各式海鮮都能用在這道料理上，無法炙燒海鮮的話，用汆燙的方式也行。除了蘿蔓以外，也能用芝麻葉搭配。

材料（2人份）

蘿蔓	半株
無花果果乾	20g
核桃	15g
生鮮干貝	10粒
	（大顆約6粒）
帕瑪森乳酪粉	少許

醬汁

無花果果醬	20ml
檸檬汁	10ml
橄欖油	50ml
白酒醋	15ml

作法

1　將干貝洗淨擦乾，以噴槍炙燒，再刷上橄欖油。

2　將醬汁材料調勻，拌入炙燒干貝。

3　蘿蔓葉擺盤後，擺上干貝，上方撒上乳酪粉添香氣，最後再隨意放上切丁的無花果果乾及核桃。

建議搭配

沾醬　P.167白酒無花果果醬

麵包　P.62-67法國麵包

海鮮 白酒蒜香蛤蜊

白酒蒜香蛤蜊，是道適合用鑄鐵鍋直接上菜的料理。

材料（2人份）

蛤蜊	250g
大蒜	30g
洋蔥	半顆
小番茄	6顆
白酒	100ml
義式香料	少許
鹽、胡椒	適量

作法

1 洋蔥洗淨後切絲，大蒜與小番茄不需切分，與白酒、義式香料、鹽、胡椒混和。

2 將步驟 1 先放入鑄鐵鍋，中火蒸半熟。

3 將洗淨的蛤蜊放入鍋中，續煮至蛤蜊殼開口即可。

建議搭配

沾醬	P.172蒜香奶油醬
麵包	P.35鹹乳酪麵包

海鮮 涼拌檸檬白魚

這是一道泰式風味料理，由於希望以清爽的方式呈現，所以並沒有加入太複雜的調味料，如果想要更重口味，可以在混和配料時，加入魚露或蝦醬等。

材料（2人份）

旗魚	100g
辣椒	半條
檸檬	1顆
番茄	30g
洋蔥	30g
胡椒、鹽	少許
橄欖油	適量
香菜	少許

作法

1　生魚片等級的旗魚，先以噴槍炙燒雙面後切片備用。

2　辣椒切丁；檸檬榨汁；番茄切碎；洋蔥切碎備用。

3　將步驟**2**混和加入鹽、胡椒、橄欖油拌勻。

4　炙燒魚片鋪疊在盤中後，將混和好的配料淋上，邊緣綴以香菜或是新鮮巴西利即可。

建議搭配

麵包
P.28-37奶油麵包
P.62-67法國麵包

蔬菜 沙茶涼拌油豆腐

這裡所設計的蔬菜料理大多是可素食，但如果想要純素，可以依素食的要求自行調整其中蒜泥、洋蔥等葷食材料，美味不減。台式風格Tapas，鹹香的沙茶，淋在油豆腐與蔬菜上，隨手撒上些花生，甚至是來點炸小魚乾，炸豆乾，還是吻仔魚皆可，快去開瓶啤酒來配吧。

材料（2人份）

油豆腐	1塊
紅蘿蔔	半條
秋葵	5條
水煮蛋	1顆
蔥花、花生	適量

醬汁

沙茶醬	60ml
蒜泥	5g
芝麻醬	20ml
蜂蜜	10ml

作法

1 油豆腐切大丁，燙熟。
2 紅蘿蔔與秋葵洗淨後，切成大小一致並燙熟。
3 將醬汁材料輕輕混拌均勻。
4 油豆腐與蔬菜混和後盛盤，澆上醬汁，水煮蛋對切擺在盤緣，撒上一些蔥花、花生搭配即可。

建議搭配

麵包
P.62-67法國麵包
P.82-85貝果麵包

蔬菜 香料焗烤馬鈴薯

如果想要更清爽一點，可以把配方中鮮奶油的一半份量，以白美娜濃縮鮮奶取代。手邊如果有松露醬或明太子醬，上桌前點綴在表面，既增色也添風味。

材料（2人份）

馬鈴薯	200g
蒜頭	2小瓣
培根	1片
動物性鮮奶油	180g
鹽	2g
迷迭香	適量

作法

1 馬鈴薯洗淨帶皮切薄片。

2 蒜頭切片；培根切大塊。

3 將切片的馬鈴薯、鹽、鮮奶油、蒜片、培根及迷迭香放入烤盅。

4 以烤溫上下200℃，烘烤30分鐘。

建議搭配

麵包　P.62-67法國麵包

蔬菜 紅酒洋蔥厚片馬鈴薯

濃郁的紅酒醬汁，淋在以奶油煎香的馬鈴薯上，簡簡單單就能呈上歐洲貴族的
饗宴。如果想添點肉味，煎香的培根和脆腸，都是不錯的選擇。

材料（2人份）

馬鈴薯	1顆
奶油	10g
橄欖油	30ml
洋蔥	半顆
新鮮蒜頭	2瓣
紅酒	200ml
黑胡椒、鹽	適量
帕瑪森乳酪粉、百里香	少許

作法

1. 馬鈴薯去皮，切成1-1.5cm厚片。
2. 洋蔥去皮後切絲；蒜頭去皮後切片。
3. 橄欖油與奶油放入鍋中，小火煎馬鈴薯厚片至上色並熟透呈透明狀，擺盤。
4. 用同一鍋續炒洋蔥絲及蒜片，炒出香氣後，再加入紅酒熬煮至濃稠。
5. 紅酒醬汁以黑胡椒及鹽調味後，淋在馬鈴薯上。
6. 最上方擺上份量外的奶油，或撒上帕瑪森乳酪粉、百里香即可。

建議搭配

麵包
P.70-73全麥麵包

蔬菜 奶油黑胡椒薑漬杏鮑菇

蔬食料理，除了單純的黑胡椒調味，也可以利用紅椒粉或是咖哩粉來做口味上的變化。

材料（2人份）

杏鮑菇	5條
生薑	30g
鹽	3g
黑胡椒	適量
奶油	40g
黑鹽	適量

作法

1　杏鮑菇洗淨後切成大小一致的片狀，不要斜切，以免水分在烹煮時流失。

2　生薑切片。

3　熱鍋放入奶油炒切片的杏鮑菇與生薑片。

4　炒熟後再加入黑胡椒與鹽調味。

5　盛盤後綴以適量的黑鹽做裝飾。

建議搭配

麵包
P.34長條雙胞胎

蔬菜 # 季節烤時蔬

材料中的肉丸子可以選擇現成的炸肉丸，料理中的小番茄若改用大番茄則建議切塊。在法國享受烤時蔬料理時，最喜歡放上當地最受歡迎的Comte乳酪，為烤時蔬的美味帶來些許的層次。

材料（2-3人份）

南瓜	100g
香菇	100g
小番茄	100g
蒜頭	3瓣
肉丸子	100g
紅椒粉、鹽	少許
橄欖油	適量

作法

1　將南瓜、香菇切成一致的大小，小番茄對半切，蒜頭整瓣不切。

2　所有蔬菜與肉丸子放入烤皿中，撒上紅椒粉與鹽，再淋上橄欖油，也可以添入少許檸檬汁。

3　以烤溫180℃烤焙20分鐘。

4　上桌時可以搭配油醋醬，或刨入乳酪片。

建議搭配

麵包　P.32-33肉桂甜麵包

蔬菜 焗烤奶油培根白菜

焗烤奶油培根白菜，烤好時乳酪混和了白醬撲鼻而來的香氣，帶著濃濃的奶香，如果另外再加入培根的油潤，或是改放蝦米或火腿，然後摻點炸洋蔥，就好像身處在港式飲茶餐廳。

材料（4-6人份）

大白菜	半株	鹽	3g	**熬煮白菜的醬汁**	
培根	12片	披薩乳酪絲	適量	白美娜濃縮鮮奶	100ml
低筋麵粉	30g			鮮奶	200ml

作法

1 剝除大白菜的菜葉，盡量保持完整，洗淨後用熱水煮熟備用。

2 將煮熟的白菜葉平整展開，由一端捲起。

3 培根攤平，放上白菜捲，用培根包覆白菜捲。如果擔心鬆開可用牙籤固定。

4 完成後的培根白菜捲先以濃縮鮮奶混和鮮奶的醬汁煮約5分鐘。

5 將煮過的培根白菜捲排入烤盅。

6 取一部分步驟**4**的醬汁加入低筋麵粉與鹽，攪拌均勻後，逐一淋在培根白菜捲上。

7 撒上乳酪絲後，以上下火200℃，入烤箱烤20-25分鐘。

建議搭配

麵包
P.76-79裸麥麵包

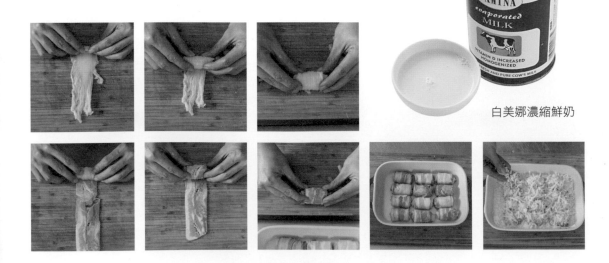

白美娜濃縮鮮奶

建議搭配

麵包
P.70-73全麥麵包
P.76-79裸麥麵包

蔬菜 炙燒甜椒

輕蔬食料理，只要甜椒兩顆就能完成。炙燒後的甜椒，完全顯露出蔬菜最原始的
自然甜味。

材料（2人份）

甜椒	2顆
鹽、紅椒粉、黑胡椒、	
橄欖油	少許

作法

1　整顆甜椒洗淨後，表面完全炙燒，待冷卻後剝除焦黑
　　的外皮。

2　去除甜椒中心的籽，將甜椒切條。

3　切條的甜椒以堆疊的方式擺盤，撒上鹽、紅椒粉與黑
　　胡椒，再淋上橄欖油，增添油潤。

> **TIP：**搭配蜂蜜紅酒醋醬，或是原味的乳酪醬就很美
> 味。切片的法國麵包塗上一層奶油，再將軟嫩的烤甜椒
> 稍微壓擠成抹醬塗上。

蔬菜 奶油蘑菇玉米筍佐松露醬

可以用任何喜歡的蔬菜，再用少許松露醬妝點出隆重的氛圍。材料中的蒜頭可依素食者需求選擇不加入。

材料（2人份）

玉米筍	10根
蘑菇	10顆
蒜頭	5瓣
鹽、白胡椒	少許
橄欖油	適量
黑橄欖	4粒
黑松露醬	1匙
蒔蘿（或百里香）	少許

作法

1 玉米筍、蘑菇、蒜頭去皮，均不需切塊，混和鹽、白胡椒，橄欖油。

2 以上下火200℃，入烤箱烤約15-20分鐘。

3 食材以堆疊的方式盛盤後，放上切半的黑橄欖粒，擺一匙的黑松露醬，最後放上一小塊的奶油，再以蒔蘿或新鮮百里香葉裝飾即可。

建議搭配

抹醬　P.177蘑菇黑橄欖奶油醬

麵包　P.82-85貝果麵包

蔬菜 烤筊白筍佐水果醋鮭魚

這是呂昇達老師的私房料理，豐富膳食纖維的當季鮮蔬簡單烤熟，再搭配現成的煙燻鮭魚，用醬汁兜攏兩者，佐以切達乳酪丁，在盤中譜出美妙的舞曲。

材料（2人份）

		醬汁	
筊白筍	4條	橄欖油	50ml
切達乳酪	30g	柳橙汁	25ml
煙燻鮭魚	100g	柳橙果肉	25g
檸檬	1/4顆（切角）	白酒醋	10ml
		鹽	少許

作法

1　將筊白筍帶皮烤熟，切達乳酪切丁。

2　煙燻鮭魚捲起如玫瑰花裝擺盤，擺上切達乳酪丁、筊白筍及檸檬角。

3　將醬汁材料混和均勻成為搭配的醬料。

4　醬汁以小碟裝盛，食用時再沾取。

> ▸ **TIP:** 煙燻鮭魚出乎意料的與肉桂香十分搭配，所以建議搭配切條的奶油肉桂麵包，非常美味。

建議搭配

麵包
P.32-33肉桂甜麵包

普羅旺斯燉菜

法國傳統家常菜，燉煮出各式蔬菜的清甜，帶著番茄的微酸，還有月桂葉的香氣，不論想冷著吃，熱的吃，都可以。

材料（4人份）

高麗菜	半顆
番茄（大）	1顆
紅蘿蔔	1條
南瓜	100g
水煮番茄罐頭	1罐
	（200g）
洋蔥	半顆
月桂葉	1片
橄欖油、鹽	適量
紅酒醋	少許

作法

1　高麗菜、番茄、洋蔥洗淨後切丁；紅蘿蔔、南瓜洗淨後去皮均切丁。

2　起鍋加入適量橄欖油，待油熱將步驟 1 炒至熟軟。

3　加入水煮番茄罐頭與月桂葉熬煮15分鐘。

4　最後加入鹽與紅酒醋調味即可。

建議搭配

麵包　P.76-79裸麥麵包

湯品 玉米濃湯

這道湯品，有馬鈴薯的飽足感，更有鮮奶的香氣以及玉米的甜味。如果想要添一點油潤與鮮味，無論是加入火腿、蝦或是蛤蜊，都非常適合。

材料（2-3人份）

馬鈴薯	100g
洋蔥	半顆
玉米粒	150g
白美娜濃縮鮮奶	150ml
雞高湯	200ml
鹽、胡椒	少許

作法

1 洋蔥洗淨後去皮切絲炒熟。
2 馬鈴薯去皮切小丁後，加入玉米粒、濃縮鮮奶、高湯及步驟1煮至馬鈴薯熟透。
3 將煮好的湯汁以調理機攪打至滑順。
4 盛起後撒上些許鹽與胡椒。

建議搭配

麵包　P.41餐包

湯品 普羅旺斯冷湯

與普羅旺斯燉菜完全相同的材料，再加水去攪打，就成了另一道適合夏天的營養冷湯，這裡提供的也是4人份的食材。

材料（4人份）

高麗菜	半顆	月桂葉	1片
番茄（大）	1顆	橄欖油	適量
紅蘿蔔	1條	冷水	500ml
南瓜	100g	鹽	適量
水煮番茄罐頭	1罐	紅酒醋、乳酪粉	少許
	（200g）	裸麥麵包丁	少許
洋蔥	半顆		

作法

1 高麗菜、番茄、洋蔥洗淨後切丁；紅蘿蔔、南瓜洗淨後去皮均切丁。
2 起鍋加入適量橄欖油，待油熱將步驟 1 炒至熟軟。
3 加入水煮番茄罐頭與月桂葉熬煮15分鐘。
4 最後加入鹽與紅酒醋調味即可。
5 加入冷水，以果汁機攪打至質地細密後即可盛起。
6 最後撒上裸麥麵包丁及乳酪粉即可。

建議搭配

抹醬
P.176蘑菇黑橄欖奶油醬

·····································

麵包
P.76-79裸麥麵包

西班牙番茄冷湯

前菜式冷湯，適合搭配西班牙Tapas的小點，適合夏日的早餐時光享用。

材料（2人份）

番茄	300g
洋蔥	50g
蒜頭	1瓣
培根	10g
水牛乳酪	數顆
百里香	少許

醬汁

橄欖油	50ml
白酒醋	20ml
檸檬汁	10ml

作法

1　選擇熟透的大顆番茄，洗淨後底部切十字痕，浸入滾水中30秒，取出沖冷水，剝去外皮，切四等分備用。

2　洋蔥洗淨去皮切細絲，與蒜頭、培根一起炒熟。

3　將步驟 **1** 與步驟 **2** 混和後，加入醬汁材料，用食物調理棒攪打後過篩。

4　盛盤時可以淋上少許橄欖油、百里香，再放上小顆的水牛乳酪搭配即十分美味。

建議搭配

麵包
P.64-65切片法國麵包
放上水牛乳酪

雞蛋 乾酪西班牙烘蛋

這道菜很適合用鑄鐵鍋直接烘煮上桌。加入了濃縮鮮奶的烘蛋,會具有更軟嫩且細緻的口感。

材料(2人份)

馬鈴薯	120g
奶油	少許
洋蔥	30g
雞蛋	150g
白美娜濃縮鮮奶	20ml
鹽	3g
胡椒	2g
橄欖油	30ml
乳酪粉、切達乳酪	適量

作法

1　馬鈴薯洗淨後去皮切丁,以少許奶油在鍋中煎熟後取出備用;洋蔥去皮切末備用。

2　將雞蛋、濃縮鮮奶、鹽混和均勻,再加入切碎的洋蔥。

3　鍋中倒入橄欖油,加入煎熟的馬鈴薯略為續煎,再倒入步驟 **2**。

4　以小火微煎,確定單面熟透後,再翻面續煎至熟透。

5　起鍋後盛盤,在表面撒上胡椒與乳酪粉,再隨意放上幾顆切達乳酪即可。

建議搭配

麵包
P.71-73全麥鄉村麵包

雞蛋 西式炒蛋

西式早午餐必點菜色，喜歡嫩的早點離火，偏愛熟些的就多炒一會兒。如果想要清爽的口感，可以把配方中鮮奶油的一半份量。以白美娜濃縮鮮奶取代，風味不變。

材料（2人份）

雞蛋	2顆
鮮奶油	50g
奶油	15g
鹽	少許
胡椒、巴西里	少許

作法

1　雞蛋與鮮奶油混和均勻，做成蛋液。

2　熱鍋加入奶油，再倒入蛋液，不停攪拌。

3　蛋液開始凝結即刻離火，持續攪拌。

4　盛盤後，撒上鹽、胡椒及巴西里當作裝飾。

建議搭配

麵包
P.36小甜麵包

雞蛋 中式蝦仁炒蛋

傳統中式菜色，誰說不能拿麵包來搭著吃。

材料（2人份）

蝦仁	6尾
鹽、胡椒	少許
雞蛋	2顆
奶油	15g
百里香	少許

作法

1　蝦仁洗淨後以鹽、胡椒抓醃後備用。

2　抓醃過的蝦仁下鍋煎至七分熟後取出。

3　另起鍋熱油後，倒入蛋液，邊攪拌至略為凝結加入步驟 **2** 的蝦仁炒熟。

4　盛盤後撒上胡椒，放上百里香做裝飾。

建議搭配

麵包
P.35鹹乳酪麵包

乳酪 和風涼拌青蔥鮮奶油乳酪

這裡搭配麵包吃的下酒夢幻單品，適合在炎炎夏日用清透的容器盛裝，是私房再私房的不傳料理祕方。除了原本的配方外，還可以在表面搭配海膽、明太子，松露醬，魚子醬，再擠一點山葵，還是煮顆溫泉蛋、撒點松露鹽、或是拌入鵝肝醬，一種作法變化出各種口味，無論是配麵包或是用蘇打餅沾著吃，都很美味。

材料（2人份）

奶油乳酪	100g
青蔥	30g
柴魚片	5g
日式醬油	30ml

作法

1 奶油乳酪切丁，青蔥洗淨後切末切細。
2 將所有材料輕微混拌即可。

建議搭配

麵包
P.62-67法國麵包
P.70-73全麥麵包
P.76-79裸麥麵包

乳酪 堅果煙燻乳酪佐馬斯卡彭乳酪

2人份的堅果乳酪點心，有烤得香脆的堅果，裹上香滑的馬斯卡彭乳酪，夾雜著煙燻香氣的乳酪丁，一口吞下，舌尖還會留著餘韻。

材料（2人份）

帶皮杏仁果（熟）	20顆
	（約50g）
煙燻乳酪	50g
馬斯卡彭乳酪	100g

作法

1　煙燻乳酪切丁，與烤熟的帶皮杏仁果「輕微混拌」。
2　再拌入馬斯卡彭乳酪即可。

建議搭配

麵包
P.62-67法國麵包
P.70-73全麥麵包
P.76-79裸麥麵包

乳酪 莓果煙燻乳酪佐馬斯卡彭乳酪

2人份的莓果乳酪點心，今天想要酒漬過的葡萄乾或蔓越莓帶點酸甜的滋味，還是搭配炙燒過的杏桃切丁，與煙燻乳酪產生共鳴，不然就來點無花果醬，調合出來自地中海的香甜滋味。

材料（2人份）

酒漬果乾	50g
煙燻乳酪	50g
馬斯卡彭乳酪	100g

作法

1　煙燻乳酪切丁，與酒漬果乾輕微混拌。
2　再拌入馬斯卡彭乳酪即可。

搭配麵包的兩種乳酪的美味變化

用兩種不同風味口感的乳酪混和果乾，乳脂的香氣，煙燻的深沉，今天想要配果乾來點微酸甜的少女情懷，還是想要帶有核果味的成熟風情。只要依比例任意置換成無花果乾或果醬、葡萄乾、蔓越莓或是核桃、夏威夷豆，都是絕妙的小品。

搭配的堅果類一定是熟的，烘烤過的堅果才能帶出核果的香氣，在混和馬斯卡彭乳酪時，只要輕微混拌就好，不需過度攪拌，每一口都有不同的驚喜。

建議搭配

麵包
P.62-67法國麵包
P.70-73全麥麵包
P.76-79裸麥麵包

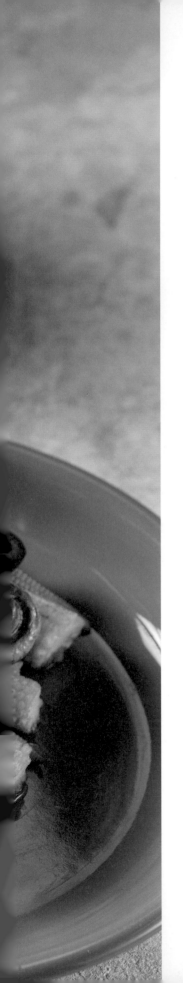

精選抹醬

市面上的調味抹醬是不是讓你看了材料就有點怕怕的？別擔心，這裡特別分享了許多比市售抹醬更健康更美味的奶油抹醬，不藏私的分享，自家麵包當然就得搭自家手工抹醬。

有蒜香、海鮮、素食、水果等各式風味的組合變化，讓你的麵包一點都不單調寂寞。

奶油抹醬所使用的奶油均需要先室溫軟化，才方便操作，跟任一款麵包都能搭配。抹醬的配方在設計上沒有摻入生食，所以可以抹在麵包上直接食用，但如果能抹上再稍微烘烤過，像是香蒜奶油、韓式、明太子、椰子奶油醬，抹上後再經過炙燒或烘烤，奶油和其他材料的味道會更融合，香氣更突顯。

奶油抹醬所需要的材料與製作方法都非常簡單，而且新鮮美味，所以製作完成後要冷藏保存並在保存期限內食用完畢。

春
/
草莓果醬

夏
/
楓糖藍莓果醬

秋
／
白酒無花果果醬

冬
／
橘子果醬

呂老師精選的四季低糖果醬

這次特別依季節變化，挑選了四種當季水果，教大家在10-15分鐘內就能製作出新鮮果醬，讓季節的豐美滋味可以有更多不同樣貌的呈現。由於各式水果在熬煮果醬時，含水量會影響熬煮的時間，所以在製作果醬時，如果是挑選水份較多的，則需視情況拉長熬煮的時間。為了保留當季水果的新鮮度，配方也是以低糖的方式設計。

配方裡的蜂蜜，請以風味較淡的為主，才不會搶走主角水果的香氣。由於配方的糖比例不高，建議大家在製作完成後，以冷藏方式保存，並在兩週內食用完畢。

果醬 春季 草莓果醬

春天獨有的淡雅清香，一定要把它好好保存下來，熬煮時間不要太長，就能保留住食材原始的色澤。

材料（4-6人份）

草莓	400g
（去蒂後的重量）	
細砂糖	30g
蜂蜜	30g

作法

1. 將草莓清洗乾淨後表面擦乾，去除蒂頭，切對半不需切丁。
2. 步驟1和細砂糖及蜂蜜一起加入鍋中。
3. 以中火煮滾後，轉小火邊攪拌，約煮8-10分鐘即可。

建議搭配

沾醬
也可以配上法國優格乳酪

麵包
軟式麵包包括
P.28-37奶油麵包
P.40-47鮮奶麵包
P.50-59餐包

果醬 夏季 楓糖藍莓果醬

即使台灣自產的藍莓量不足，現在各大超市幾乎都看得到價格實惠而且新鮮的進口藍莓。而且由於藍莓本身含有豐富的天然果膠，稍微煮一下就能得到濃稠的果醬，煮太久反而會失去藍莓的清甜風味。

材料（4-6人份）

藍莓	300g
細砂糖	20g
楓糖	30克

作法

1. 藍莓洗淨後擦乾、去梗。
2. 步驟1和細砂糖及楓糖一同加入鍋中。
3. 以中火熬煮邊攪拌，約5-8分鐘即可。

建議搭配

沾醬
油脂濃郁又口感細緻的
鵝肝醬

麵包
P.62-67法國麵包
P.82-85貝果

果醬 秋季 白酒無花果果醬

這幾年台灣本土種植的無花果已經越來越多，新鮮直送的無花果，味道清雅口感綿密，抗氧化力強，不論是連皮直接吃、沾著蜂蜜，還是裹著生火腿片，都很美味。熬煮時需要加入少許白酒，以免太過濃稠而燒焦。因為無花果的香氣需要較多的糖分才能提點出，所以這款果醬配方中的糖會比較多。熬煮的無花果果醬，除了原有的水果味被濃縮起來，還會帶有一點點煙燻的香氣，千萬不要錯過。

材料（4人份）

無花果	500g
白酒	50g
細砂糖	40g
蜂蜜	40g

作法

1　將無花果洗淨後一切四。
2　步驟 1 和白酒、細砂糖、蜂蜜一同加入鍋中。
3　熬煮邊攪拌至濃稠即可。

建議搭配

沾醬
也可以配上法國優格乳酪

麵包
硬式麵包包括
P.70-73全麥麵包
P.76-79裸麥麵包

果醬 冬季 橘子果醬

冬季大產的橘子，吃不完的還能做成果醬，就像是把冬天的暖陽，鎖起來帶到日日的餐桌上。橘子的質地偏軟，水分多而果膠含量少，所以記得要加入洋菜粉來增加凝固性。

為了不讓橘子的纖維影響果醬的口感，會先以果汁機略攪打，但不失其果肉的口感。作法裡的熬煮時間為5-8分鐘，如果希望再濃稠一點，可以再自行延長熬煮時間，但要小心別煮焦了。

材料（4人份）

橘子	500g
洋菜粉	2g
細砂糖	15g
蜂蜜	30g
新鮮檸檬汁	30g

作法

1 將橘子果瓣粗切，保留果肉感。
2 以果汁機略打果肉。

> ▸ TIP: 攪打果肉的目的是攪斷纖維讓果醬的口感比較好。

3 將洋菜粉與細砂糖先混和均勻，否則會有顆粒，影響果醬的口感。
4 把蜂蜜、檸檬汁與混和好的洋菜粉砂糖拌入果肉裡。
5 先煮至沸騰後，以小火邊攪拌熬煮5-8分鐘。

建議搭配

沾醬
奶油乳酪有著豐郁的乳脂香氣，微微的鹹味，果醬的酸甜混入奶油乳酪的滑順，入口就有層次。

麵包
可以搭配
P.40-47布里歐修麵包
P.62-67法國麵包

   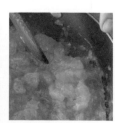 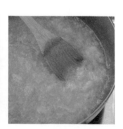

檸檬蜂蜜奶油醬

香蒜奶油醬

覆盆子奶油醬

椰香奶油醬

奶油醬 香蒜奶油醬

鹹香的香蒜奶油，是早餐的基本款，直接塗抹在麵包上，經過二次烘烤，或用炙燒的方式，讓烤過的香蒜奶油醬比較不會有蒜頭的辛辣口感，建議冷藏保存並於七天內食用完畢。

材料（4人份）

奶油	200g
蒜泥	50g
鹽	4g
乾燥巴西里	2g

作法

1　奶油於室溫軟化。
2　蒜頭去外皮後壓碎磨泥。
3　將所有材料以機器攪拌均勻即可。

奶油醬 檸檬蜂蜜奶油醬

酸中帶甜的檸檬蜂蜜奶油醬，有著貴婦午茶的優雅香氣，適合搭配貝果或法國麵包。檸檬皮要先與奶油拌均，才能加入蜂蜜，以免檸檬皮碰到蜂蜜容易變色。但由於加入檸檬汁會使食材容易酸敗，所以建議製作後冷藏保存2-3天內食用完畢。

材料（4人份）

奶油	200g
檸檬	1顆
（約30ml的檸檬汁）	
純糖粉	20g
蜂蜜	60g

作法

1　奶油放室溫軟化；檸檬皮削屑。
2　將整顆的檸檬皮屑放入奶油中攪拌。
3　加入檸檬汁略拌。
4　最後加入純糖粉與蜂蜜攪拌均勻即可。

奶油 醬 椰香奶油醬

早餐店必點的椰香奶油厚片,原來就這麼簡單,又何必再吃添加物一大堆的市售抹醬,就讓味蕾習慣更單純的美味吧。

如果想要膨鬆的口感,可以先把奶油與糖粉打略發,再加入奶粉及椰子粉。適合搭配鮮奶或餐包麵包,抹上一層厚厚的抹醬,一定要送進烤箱才能烤出椰子混和奶油的香甜氣味,建議冷藏保存並於5天內食用完畢。

材料（4人份）

奶油	200g
純糖粉	100g
奶粉	30g
椰子粉	100g

作法

1 奶油放室溫軟化。
2 將所有材料拌均即可。

> ▶ **TIP:** 不需過度攪拌,以免椰子粉出油。

奶油 醬 覆盆子奶油醬

莓果的酸甜好滋味,做成果醬,再加入酒散發微微的酒香,再用蜂蜜搭著奶油融合在一起,很簡單的奶油醬瞬間高雅起來。這款的配方,也很適合用藍莓或草莓來製作,莓果可以盡量不切來保留果粒的口感。

材料（4人份）

奶油	200g
蜂蜜	50ml
覆盆子	100g
砂糖	50g
蘭姆酒	20ml

作法

1 奶油放室溫軟化。
2 整粒覆盆子洗淨不切擦乾,加入砂糖與蘭姆酒。
3 以中火煮滾後轉小火煮8-10分鐘,冷卻備用。
4 將步驟 3 的果醬,與奶油與蜂蜜混和拌均即可。

奶油醬

韓式蒜香奶油醬

變化款的蒜香奶油醬，多加了乳酪粉，讓乳香更醇厚，另外放了糖不但可以提升蒜頭的香氣，還能壓住它嗆辣的味道，建議冷藏保存並於七天內食用完畢。

材料（4人份）

奶油	200g
蒜泥	60g
帕瑪森乳酪粉	50g
鹽	2g
砂糖	5g

作法

1　奶油於室溫軟化。
2　蒜頭去外皮後壓碎磨泥。
3　將所有材料以機器攪拌均勻即可。

韓式蒜香
奶油醬

明太子奶油醬

蘑菇黑橄欖
奶油醬

香料鮭魚
奶油醬

175

奶油醬 明太子奶油醬

日式風味的明太子奶油醬，配方中的美乃滋，可以視個人喜好選擇偏甜的台式美乃滋，或偏鹹的日式美乃滋。

另外，加入少許的檸檬汁讓酸味更能調合醬料的風味。但由於檸檬汁容易引發酸敗，使奶油醬的保存期限縮短，所以配方的原始設計上，並不加入檸檬汁。明太子奶油醬建議冷藏保存，並於3天內食用完畢。

材料（4人份）

奶油	200g
明太子	50g
美乃滋	50g
檸檬皮屑	半顆

作法

1　奶油於室溫軟化。
2　明太子退冰後，與美乃滋混和均勻。
3　混和後的步驟 2 加入檸檬皮屑。
4　最後將軟化的奶油混入拌均即可。

奶油醬 蘑菇黑橄欖奶油醬

蘑菇黑橄欖奶油醬最適合搭配全麥或裸麥麵包，除了單獨抹醬去烘烤，還可以在奶油醬上再鋪滿一層乳酪絲，就變成了香濃的牽絲焗烤麵包了。

這裡的配方是設計給素食的讀者參考，如果想要更添道地風味，可以在材料中另加入20g的粗切蒜粒，烤起來別具風味。因為蘑菇的香氣會隨著水分流出，混和在奶油醬裡別具風味，也因此蘑菇黑橄欖奶油醬建議冷藏保存並盡速在3天內食用完畢。

材料（4人份）

煙燻乳酪	50g
奶油	150g
蘑菇	200g
黑橄欖	50g
鹽	2g
乾燥羅勒葉	2g

作法

1　奶油放室溫軟化。
2　煙燻乳酪切丁。
3　蘑菇切片，用少許橄欖油炒熟後，冷卻備用。
4　黑橄欖瀝乾水分，切丁。
5　炒熟蘑菇的水分瀝乾，才放入所有材料混和攪拌，達到乳化均勻的程度即可。

奶油醬 香料鮭魚奶油醬

晚餐的煎鮭魚吃不完？別擔心，剛好拿來做香料鮮鮭魚奶油醬！讓麵包抹醬帶有海洋的風味，可以是早餐吃或是當正餐的三明治夾醬，吃飽吃巧隨意搭。含有豐富DHA的香料鮭魚奶油醬，建議冷藏保存，並在3天內食用完畢。

材料（4人份）

鮭魚 ⋯⋯⋯⋯⋯⋯⋯⋯ 100g
　　（選油脂少的部位）
奶油 ⋯⋯⋯⋯⋯⋯⋯⋯ 200g
義式香料 ⋯⋯⋯⋯⋯⋯⋯ 3g
鹽 ⋯⋯⋯⋯⋯⋯⋯⋯⋯ 3g
帕瑪森乳酪粉 ⋯⋯⋯⋯ 30g

作法

1 奶油放室溫軟化。
2 鮭魚炒熟，炒鮭魚時可以用鏟子把肉炒散像魚鬆，盡量將水分炒乾後放涼。
3 所有材料混和均勻即可。

乳酪抹醬 黑胡椒培根乳酪抹醬

這幾款乳酪抹醬的配方是特別針對書中的麵包所設計，像是口感偏向Q彈的鹹口味。黑胡椒培根乳酪抹醬和煙燻鮭魚乳酪抹醬，特別適合搭配口感有嚼勁的麵包。微炒過的培根，帶點鹹香，炒出來的油脂千萬別捨棄，拌入奶油乳酪，香味瞬間升級。這裡的培根建議先炒熟再切，若先切再炒，培根會收縮得太小。建議製作完成後冷藏保存並於5天內食用完畢。

材料（4人份）

奶油乳酪 ⋯⋯⋯⋯⋯ 200g
培根 ⋯⋯⋯⋯⋯⋯⋯ 4條
鹽 ⋯⋯⋯⋯⋯⋯⋯⋯ 2g
黑胡椒 ⋯⋯⋯⋯⋯⋯ 4g

作法

1 奶油乳酪放室溫軟化。
2 培根乾煎熟不需到酥脆，即可切丁，冷卻備用。
3 煎熟培根所逼出的油脂與奶油乳酪拌均，不需打發。
4 以漿狀的攪拌棒拌入鹽與胡椒即可。

黑胡椒培根
乳酪抹醬

煙燻鮭魚
乳酪抹醬

178

乳酪抹醬 煙燻鮭魚乳酪抹醬

煙燻鮭魚乳酪抹醬搭了麵包,除了當輕食的正餐以外,也很適合抹在蘇打餅乾上,在派對中當輕食點綴,就算是夜深人靜,搭一杯白酒也不寂寞。

由於各家煙燻鮭魚的軟硬度不一,如果希望抹醬是比較滑嫩順口,可以用少許的初榨橄欖油調整軟硬度。新鮮的百里香拌入抹醬後久置會變黑,也無法保存太久,除非是要即時食用,否則會建議使用乾燥的百里香。煙燻鮭魚與煙燻乳酪本身已帶有鹹味,所以材料中不需要另外添加鹽份,也不需要添加黑胡椒,以免蓋過材料中的煙燻風味。

製作完成的煙燻鮭魚乳酪抹醬請以冷藏保存,並於5天內食用完畢。

材料(4人份)

奶油乳酪	200g
煙燻鮭魚	80g
煙燻乳酪	40g
乾燥百里香	2g

作法

1　奶油乳酪放室溫軟化。

2　煙燻鮭魚切丁。

> **TIP:** 若太硬可用初榨橄欖油調整。

3　煙燻乳酪切丁。

4　將所有材料以機器攪打均勻即可。

乳酪抹醬 蘑菇芥末籽乳酪抹醬

口感偏軟的蘑菇芥末籽抹醬和咖啡拿鐵乳酪抹醬，及果醬類的乳酪醬適合搭配較鬆軟的麵包。

這款森林系抹醬的蘑菇在炒時不需收乾醬汁，這樣可以讓蘑菇的香氣保留在抹醬中，但由於蘑菇會持續出水，抹醬的口感也會較軟無法保存太久。適合當三明治的抹醬。建議製作完成後以冷藏方式保存，並於3天內食用完畢。

材料（4人份）	
奶油乳酪	200g
蘑菇	100g
奶油	50g
芥末籽醬	50g
帕瑪森乳酪粉	30g

作法

1 奶油乳酪放室溫軟化。
2 蘑菇切片，以奶油炒熟，不需至收乾，即可冷卻備用。
3 所有材料以機器混和均勻即可。

乳酪抹醬 咖啡拿鐵乳酪抹醬

為了讓咖啡的香氣醇厚，配方設計上是以即溶咖啡粉為主，加入了動物性鮮奶油讓奶香提昇，有著不輸現磨咖啡的香味。由於添加了糖與鮮奶油，所以這款抹醬的口感是較為滑順的。製作完成後以冷藏方式保存，並於5天內食用完畢。

材料（4人份）	
奶油乳酪	200g
即溶咖啡粉	5g
動物性鮮奶油	20g
純糖粉	30g

作法

1 奶油乳酪放室溫軟化。
2 隔水加熱動物性鮮奶油，並加入即溶咖啡粉，攪拌確定咖啡粉完全溶解後，冷卻備用。
3 所有材料混和，再以機器拌均即可。

蘑菇芥末籽
乳酪抹醬

咖啡拿鐵
乳酪抹醬

181

楓糖核桃
乳酪抹醬

肉桂蘋果
乳酪抹醬

藍莓乳酪抹醬

乳酪抹醬 楓糖核桃乳酪抹醬

搭軟硬麵包都適合的美式賣場人氣抹醬,捲起袖子自己做,連會員都不用加入。富含Omega-3的堅果,混入了楓糖漿的香氣,呈現淡淡琥珀色的楓糖核桃乳酪抹醬,咬一口就置身在曠野的氣息中。吐司、歐包、貝果都適用的百搭抹醬。配方裡加入的砂糖能讓抹醬在品嘗時保有顆粒的口感,建議冷藏保存並於5天內食用完畢。

材料(4人份）

奶油乳酪	200g
核桃	80g
楓糖漿	20ml
2號砂糖	10g

作法

1 奶油乳酪放室溫軟化。

2 生核桃以100-120℃烘烤10-12分鐘,烤至核桃表面有油脂即可,待冷卻備用。

3 將所有材料略拌均即可。

乳酪抹醬 肉桂蘋果乳酪抹醬

果醬類的乳酪醬,在作法上會先完成果醬,冷卻後再與乳酪醬混和。軟綿的果醬乳酪醬,除了蘋果以外,也適合用水蜜桃或是杏桃做出不同口味的變化。製作果醬時的蘋果丁不需要切太小,以免熬煮時果肉會出太多水。建議製作完成以冷藏保存3天內食用完畢。

材料(4人份）

蘋果	100g
2號砂糖	60g
檸檬汁	20ml
肉桂粉	2g
奶油乳酪	200g
蜂蜜	20ml

作法

1 奶油乳酪放室溫軟化。

2 將蘋果切塊(比丁略大),加入2號砂糖、檸檬汁,先煮滾後再熬煮約8分鐘收乾,此時果肉呈半透明的濃稠狀,再撒上肉桂粉等冷卻備用。

3 將冷卻的果醬與奶油乳酪、蜂蜜混拌均勻即可。

乳酪 抹醬 藍莓乳酪抹醬

呈現美麗寶石色澤的藍莓，含有豐富的花青素，煮成果醬再拌入奶油乳酪，水果的清甜加上乳脂的奶香，甜蜜又柔順的口感，可能放不到隔天就吃光光了。
配方中不使用蜂蜜而以糖粉替代，主要是不希望讓蜂蜜搶走果醬的味道。其他莓果類的水果，例如新鮮的草莓、或覆盆子，都很適合這款配方。
建議製作完成以冷藏保存3天內食用完畢。

材料（4人份）

藍莓	100g
細砂糖	50g
檸檬汁	10ml
奶油乳酪	200g
純糖粉	20g

作法

1 奶油乳酪放室溫軟化。

2 整粒新鮮藍莓洗淨擦乾後，加入細砂糖、檸檬汁，以中火煮滾後，小火熬煮8分鐘。

3 熬煮果醬冷卻後，加入純糖粉與奶油乳酪即可。

奶酥醬 奶酥醬

市面上大部分的奶酥醬都加入了生蛋，雖然會讓化口性提高，但一定得要再烤過才能食用，這裡所設計的奶酥醬都能直接吃，但稍微烤過可以讓香味十足，而且相較市面所使用的奶酥醬，少了許多不明的添加物，也許沒有澎澎的視覺效果，卻讓家人吃得更健康。

百搭各式麵包的奶酥醬，可以在麵包上塗 25-30g左右，以200℃烘烤 5分鐘即可。

材料（4人份）

無鹽奶油	200g
純糖粉	100g
動物性鮮奶油	50ml
全脂奶粉	150g
鹽	2g

作法

1 奶油軟化後，加上純糖粉打發。

2 慢慢加入鮮奶油，攪拌至乳化均勻。

3 以刮刀將全脂奶粉及鹽輕拌入即可。

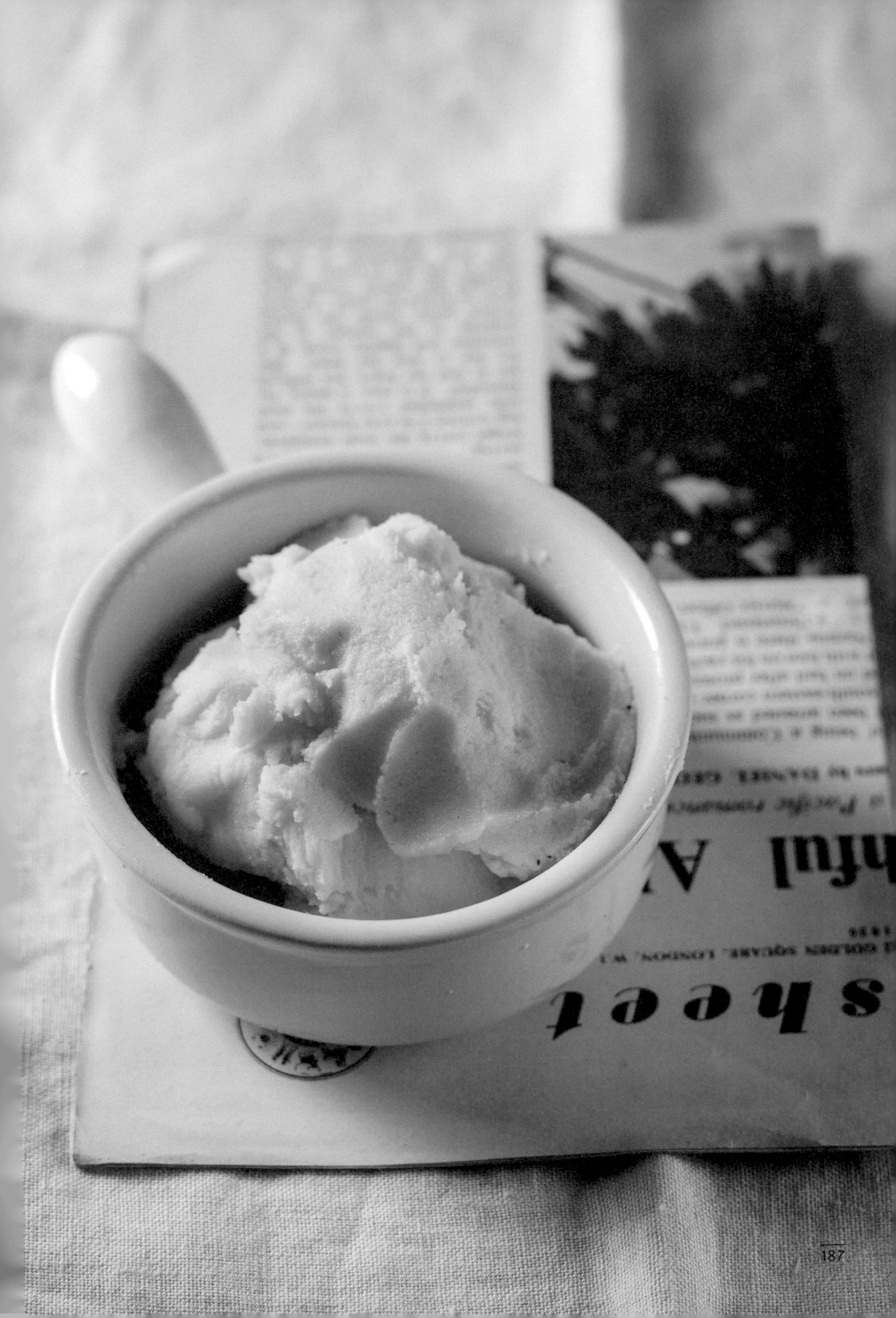
sheet

奶酥醬

香草奶酥醬

基本款的香草奶酥醬，只要再添加不同的調味與食材，又能發展出更多種的口味變化，絕對讓你吃不膩。

材料（4人份）

無鹽奶油	200g
純糖粉	100g
動物性鮮奶油	50g
香草濃縮醬	2g
全脂奶粉	150g
鹽	2g

作法

1 奶油軟化後，加上純糖粉打發。
2 慢慢加入鮮奶油及香草濃縮醬，攪拌至乳化均勻。
3 拌入全脂奶粉、鹽即可。

奶酥醬

巧克力可可奶酥醬

最喜歡在厚片上抹上一層厚厚的巧克力可可奶酥醬，再送進烤箱裡烤到表面上色，濃濃可可香還有點燙嘴，但就是忍不住要一口接一口。

材料（4人份）

可可聯盟巧克力豆	50g
香草奶酥醬	200g
可可粉	10g

作法

1 將可可聯盟巧克力豆切碎。
2 所有材料混和均勻即可。

伯爵紅茶
奶酥醬

蔓越莓
奶酥醬

抹茶
奶酥醬

抹茶奶酥醬

奶酥醬

基本款的香草奶酥醬，混入高品質的抹茶粉，吃進口裡的不只是美味，也是一種和風生活氛圍。

材料（4人份）

香草奶酥醬 ⋯⋯⋯⋯ 200g
抹茶粉 ⋯⋯⋯⋯⋯⋯ 4g

作法

1　香草奶酥醬與抹茶粉混和均勻即可。

伯爵紅茶奶酥醬

奶酥醬

來自印度高山上的伯爵紅茶茶葉磨成的粉末，一直是點心與餅乾的好搭檔，奶酥醬也可以調出這樣的異國情調。

材料（4人份）

香草奶酥醬 ⋯⋯⋯⋯ 200g
伯爵紅茶粉 ⋯⋯⋯⋯ 4g

作法

1　香草奶酥醬與伯爵紅茶粉混和均勻即可。

蔓越莓奶酥醬

奶酥醬

如果想在抹醬上吃到更明顯的口感與口味，不妨試試這款酸甜滋味與口感鮮明的奶酥醬。

材料（4人份）

香草奶酥醬 ⋯⋯⋯⋯ 200g
蔓越莓乾 ⋯⋯⋯⋯⋯ 50g

作法

1　香草奶酥醬與蔓越莓乾混和均勻即可。

奶酥醬 帕瑪森乳酪奶酥醬

奶酥醬也有鹹口味，帕瑪森乳酪粉與奶酥醬的搭配非常合拍。

材料（4人份）

奶酥醬	200g
帕瑪森乳酪粉	50 g
乾燥巴西利	
（或義式香草粉）	少許

作法

1　將所有材料混和均勻即可。

白雪法式吐司

法式吐司的蛋液中的雞蛋與鮮奶比例為1：1，可視麵包多寡按比例自行調整。如果喜歡更濃醇的奶香味，可以用白美娜濃縮鮮奶以50-60％的比例替換鮮奶。

過去曾在日本旅遊時，在咖啡館吃過的一款法式吐司早餐，超適合「屬螞蟻」的朋友。上白糖的口感細緻卻不會過甜，即使鋪上厚厚一層也不會覺得膩口，就像是鬆雪般輕盈地融化在你的嘴裡，別忘了搭上一杯濃縮咖啡，想像自己正坐在東京街頭的傳統咖啡館吧！

材料（2-3人份）

切片麵包	數片
雞蛋	100g
鮮奶	100ml
細砂糖	30g
奶油	適量
上白糖	適量

作法

1 將雞蛋、鮮奶、細砂糖攪拌均勻。

2 麵包切約2-2.5cm厚片，雙面均沾上步驟 **1** 蛋液。

3 熱鍋加入奶油，放入沾滿蛋液的麵包，煎至上色。

4 在煎好的法式吐司上，鋪滿厚厚一層的上白糖即可。

吐司應用 楓糖藍莓法式吐司

基本款的法式吐司，不論是法國麵包或是吐司都適合。沾了蛋液的麵包，放入鍋中用奶油煎得軟嫩，表面微酥，烘出了雞蛋和奶混和的香氣，還帶了點糖的甜蜜氛圍。想要篩上糖粉，淋些楓糖漿？還是要鋪上煉乳果醬巧克力，加上草莓香蕉各式水果，假日的悠閒早午餐，準備開動吧。若是來不及煎香法式吐司，也可以直接使用奶油麵糰的吐司喔。

材料（2-3人份）

法式吐司	數片
楓糖漿、藍莓果醬	適量
糖粉、新鮮藍莓	少許

作法

1 用壓模將法式吐司壓出造型。

2 淋上楓糖漿，鋪上新鮮藍莓。

3 篩上糖粉，加上藍莓果醬即可。

除了壓模以外，還有其他有趣的作法！

材料：法式吐司、蜂蜜、奶油、草莓果醬　適量

作法：

1 煎好的法式吐司，從四角往中心剪一刀但不切斷，成四個連接的三角形。

2 將每一個三角形的一角往中間壓緊，整形成風車狀。

3 將蜂蜜與奶油事先充分混和，淋上吐司，周圍再以草莓果醬裝飾即可。

吐司應用 蒜香麵包丁

非常適合當做宵夜享用的一品，配上痛快的冰啤酒，夏天吃起來沒有負擔又容易入口。

材料（2人份）

麵包	數片
香蒜奶油醬（或韓式香蒜奶油醬）	適量
乳酪粉（或七味粉、辣椒粉）	少許

作法

1. 麵包切大小一致的丁狀。
2. 取較大的容器放入香蒜奶油醬或韓式香蒜奶油醬。
3. 將麵包丁放入容器，用刮刀拌麵包丁使其均勻裹上奶油醬。
4. 取平盤鋪上均勻沾附奶油醬的麵包丁。
5. 烤箱以上下火200℃預熱，放入麵包丁烘烤3-5分鐘。

> **TIP：** 原味的香蒜奶油醬麵包丁可以撒上乳酪粉，韓式則適合放上辣椒粉或七味粉。

吐司應用 奶油蜜糖麵包丁

又甜又香的麵包丁很適合當成下午茶時補充不足的能量。

材料（2人份）

麵包	數片
蜂蜜檸檬奶油醬	適量
砂糖	隨喜好添加

作法

1 麵包切大小一致的丁狀。

2 取較大的容器放入。

3 將麵包丁放入容器，用刮刀拌麵包丁使其均勻裹上蜂蜜檸檬奶油醬。

4 取平盤鋪上均勻沾附奶油醬的麵包丁。

5 烤箱以上下火200℃預熱，放入麵包丁烘烤3-5分鐘。

6 在烘烤完成的麵包丁上，撒上大量砂糖即可。

吐司應用 法國乳酪先生

法國的「Croque Monsieur」其實就是法國版火腿三明治，吐司夾入火腿片和奶油醬，再鋪上滿滿的乳酪去烘烤，只要預先夾好，再放入冷凍保存，想吃時再拿出來烤一烤，方便營養又快速的一餐就好了。

材料（2人份）

吐司片	4片
（每片約1cm厚）	
黃芥末醬、番茄醬、	
香蒜奶油醬	適量
火腿片	3片
乳酪片	3片
乳酪絲	適量

作法

1 取一片吐司，單面抹上黃芥末醬，放上火腿片與乳酪片。

2 再取另一片吐司單面抹上番茄醬與香蒜奶油醬，蓋在火腿片上。

3 重覆步驟 1、2，夾入所有材料，最後在吐司最上層，鋪上乳酪絲，以上下火200℃預熱，烘烤約8-10分鐘即可。

吐司應用 肉桂糖奶油吐司

覆盆子奶油醬漂亮的顏色配上肉桂糖奶油吐司的迷人香氣，說這是職業級點心也不為過，端上桌，絕對有面子。

材料（3-4人份）

肉桂糖奶油吐司	數片
覆盆子奶油醬、	
防潮糖粉	適量
可可聯盟巧克力	15顆

作法

1　取肉桂糖奶油吐司對切開。

2　抹上草莓果醬。

3　擠上覆盆子奶油醬。（使用SN7068花嘴）

4　加上可可聯盟巧克力。

5　篩上少許防潮糖粉即可。

金磚奶油吐司

這是一款看似吃了有罪惡感，但吃下口後就會一口接一口的經典奶油吐司，很有
飽足感，適合當做下午茶補充能量的來源。

材料（3-4人份）

奶油吐司	數片
肉桂糖、奶油塊	適量
核桃	少許
可可聯盟巧克力	適量

作法

1　奶油吐司切厚片，撒上肉桂糖（作法請見P.33）。

2　放上塊狀奶油、可可聯盟巧克力及核桃即可。

培根裸麥三明治

喜歡吃鹹食的人，遇到下午茶時間總是覺得鹹點不若甜點的選擇性多。其實只要家中備著鹹抹醬，簡單回烤麵包，沾著吃，就是不輸餐廳下午茶的滿足。

材料（3-4人份）

法國麵包	數片
黑胡椒培根乳酪醬、蘑菇黑胡椒奶油醬	適量
培根片、乳酪絲、黑胡椒	少許
九層塔	適量

作法

1 法國麵包橫切。

2 在剖面各抹上黑胡椒培根乳酪醬及蘑菇黑胡椒奶油醬。

3 放上培根片及乳酪絲，再撒上黑胡椒。

4 用錫箔紙包起，以上下火各200℃，烘烤15-20分鐘，可加九層塔裝飾。

鮭魚玉米奶油鄉村麵包

這是一款可以當正餐也可以當點心的吐司應用，而且無論大人小孩都能接受，非常適合隨手端上桌。

材料（3-4人份）

全麥鄉村麵包	數片
鮭魚奶油醬、美奶滋、	
玉米粒	適量
乳酪絲	少許

作法

1　鄉村麵包切片。

2　麵包片上抹上鮭魚奶油醬。

3　擠上台式美奶滋。

4　撒上玉米粒。

5　最後放上乳酪絲，以200℃烘烤10-12分鐘上色。

> **TIP:** 鮭魚奶油醬也可以視喜好改用明太子奶油醬。

油醋醬

油醋醬的作法十分簡單，只要將所有材料調勻即可。

傳統油醋醬
材料：橄欖油100g、義大利烏醋35g、鹽2g、胡椒1g

檸檬油醋醬
材料：初榨橄欖油100g、白酒醋30g、檸檬汁20g、檸檬皮0.25g、鹽1g

柳橙油醋醬
材料：初榨橄欖油100g、白酒醋30g、柳橙汁20g、砂糖5g、鹽1g

蜂蜜紅酒油醋醬
材料：初榨橄欖油100g、紅酒醋35g、蜂蜜20g、鹽1g

義大利油醋醬
材料：橄欖油100g、白酒醋120g、洋蔥50g、蒜末10g、砂糖30g、
鹽4g、白胡椒適量

蜂蜜芥末油醋醬
材料：橄欖油100g、芥末子醬40g、義大利烏醋10g、蜂蜜40g

甜味油醋醬
材料：橄欖油100g、水果醋100g、砂糖50g、鹽1g

無花果油醋醬
材料：無花果果醬20g、檸檬汁10g、橄欖油50g、白酒醋15g

Part 3

七天手作輕食提案

每一款麵包都適合任何時候享用，
只要適當回烤，再搭配上絕妙料理，
就可以隨時擁有不輸專業餐廳的味蕾享受。
在這裡我們將前面介紹的料理，配上40款麵包，
讓你可以輕鬆規畫出一週的早餐、早午餐、下午茶、野餐和宵夜。

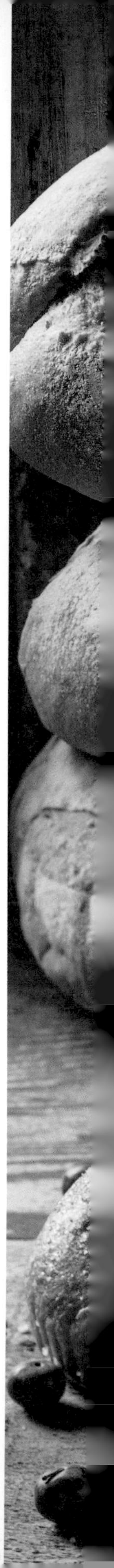

早餐

「早餐很重要，一定要吃喔！」這麼一句知名廣告詞也直接點出早餐的需求：吃飽、營養、滿足感。當然，如果每天都只是吃麵包配果醬未免太無趣，那麼就做點變化吧。

賴床又憂鬱的最佳選擇

奶酥厚片

準備時間：5分鐘

搭　　配：法式吐司＋各式奶酥醬

澱粉、蛋白質、維生素一次補足

豬五花與酥脆培根佐水煮蘆筍

準備時間：15分鐘

搭　　配：餐包＋豬五花＋培根＋蘆筍

飯店早餐經典料理在家也能吃到

西式炒蛋

準備時間：10分鐘

搭　　配：小甜麵包＋雞蛋

預先做好冷凍保存更省事！
法國乳酪先生

準備時間：15分鐘

搭　　配：餐包麵糰吐司切片＋火腿＋乳酪

DAY 4

手作果醬當然要配自製麵包
四季果醬

準備時間：5分鐘

搭　　配：排包＋果醬

DAY 5

最甜蜜的愛情就是一起吃早餐
楓糖藍莓法式吐司

準備時間：10分鐘

搭　　配：餐包麵糰吐司切片＋果醬＋奶油

DAY 6

早餐吃了也不會有罪惡感
炸甜甜圈

準備時間：15分鐘

搭　　配：炸甜甜圈＋各式乳酪抹醬

DAY 7

早午餐

早上起不來，睡得太晚，只能早餐午餐一起準備，這時候應運而生的就是早午餐，兼具早餐的營養，又能趕跑剛起床時食欲不佳的問題，又要能夠使飽足感延續到下午，各個環節都必須兼顧呢！

胃口不好時的好選擇
胡麻豆腐豬肉

準備時間：15分鐘

搭　　　配：鮮奶吐司＋豬五花＋嫩豆腐

單吃輕食或配麵包吃都有飽足感
和風野菜雞肉春雨

準備時間：15分鐘

搭　　　配：雙辮＋冬粉＋雞胸肉＋茼蒿

午餐、晚餐都適合的主食款
咖哩燉牛肉

準備時間：60分鐘

搭　　　配：全麥三角形鄉村＋牛肋條＋
　　　　　　紅蘿蔔＋馬鈴薯

害怕吃茄子的人也能接受

孜然牛肉焗紫茄

準備時間：30分鐘

搭　　　配：裸麥麵包＋胖茄子＋牛絞肉＋
　　　　　　培根+雞蛋

十分方便烹調的一品

鮭魚玉米奶油
鄉村麵包

準備時間：30分鐘

搭　　　配：全麥鄉村＋鮭魚奶油醬＋玉米

輕爽又沒有負擔

油煎黑楜椒雞肉

準備時間：30分鐘

搭　　　配：咕咕霍夫＋去皮雞胸肉

兩個人親密分享剛剛好

乾酪西班牙烘蛋

準備時間：40分鐘

搭　　　配：裸麥鄉村＋馬鈴薯＋雞蛋＋乳酪

DAY 4

DAY 5

DAY 6

DAY 7

下午茶

不知何時現代人也有了喝下午茶的習慣，明明才用過中餐，但是到了下午卻總覺得哪裡有點不滿足，找來找去，原來是蠢蠢欲動的胃袋希望在放入一些小點心。

甜椒的甜配上硬式麵包剛剛好
炙燒甜椒

———

準備時間：15分鐘
搭　　配：硬式麵包＋甜椒

DAY 1

昏昏欲睡的下午能量補充來源
金磚奶油吐司

———

準備時間：10分鐘
搭　　配：奶油吐司＋奶油塊＋肉桂糖＋核桃

DAY 2

視吃、實吃都過癮的一道
玫瑰柑橘漬鮭魚

———

準備時間：20分鐘
搭　　配：裸麥吐司＋鮭魚＋柑橘

DAY 3

適合夏天的營養湯品
普羅旺斯冷湯

準備時間：30分鐘

搭　　配：炸甜甜圈＋高麗菜＋番茄＋
　　　　　紅蘿蔔＋南瓜＋蘑菇黑橄欖奶油醬

焗烤料裡永遠是不敗的選擇
香料焗烤馬鈴薯

準備時間：20分鐘

搭　　配：法國麵包＋馬鈴薯＋培根＋
　　　　　迷迭香＋動物性鮮奶油

下午茶最奢華的享受
松露醬牡蠣
佐烤杏鮑菇

準備時間：20分鐘

搭　　配：全麥麵包＋牡蠣＋杏鮑菇

簡單涼拌料理也適合戶外享用
奶油蜜糖麵包丁

準備時間：20分鐘

搭　　配：鮮奶吐司＋砂糖＋蜂蜜檸檬奶油醬

野餐

你是否也常跟著親朋好友一同到戶外踏青野餐或露營？看著別人高價的配備，是否總覺得少了些什麼？少的就是一道道美味的手作美食，麵包和輕食可以輕鬆帶出門沒有太嚴苛的保存困難，正是最好的選擇。

熱吃冷吃都美味
季節烤時蔬

準備時間：60分鐘

搭　　　配：肉桂糖麵包＋南瓜＋香菇＋番茄＋
　　　　　　肉丸子

非常適合野餐組合的輕爽料理
烤茭白筍
佐水果醋鮭魚

準備時間：15分鐘

搭　　　配：奶油肉桂麵包＋煙燻鮭魚＋
　　　　　　茭白筍＋切達乳酪

做好半成品後再搭配組合享用
番茄烤油漬沙丁魚

準備時間：15分鐘

搭　　　配：裸麥麵包＋油漬沙丁魚＋小番茄

簡單涼拌料理也適合戶外享用

小黃瓜辣拌牛肉片

準備時間：20分鐘

搭　　配：法國麵包＋牛肉薄片＋冬粉＋
　　　　　小黃瓜

回烤麵包後沾著鹹抹醬就是好料理

培根裸麥三明治

準備時間：20分鐘

搭　　配：法國麵包＋鹹奶油醬＋培根片＋
　　　　　乳酪絲

爽口又方便攜帶出門食用

水煮雞肉火腿

準備時間：20分鐘

搭　　配：貝果（小圓餐包）＋傳統油醋醬＋
　　　　　去皮雞胸肉

一種作法做出各種口味

鮮奶油乳酪

準備時間：15分鐘

搭　　配：各式麵包＋各式口味混和乳酪

宵夜

怕胖又餓得發慌的時候,該放棄的是減肥還是口腹之欲?有句話說,要享受當下該享受的,該照顧當下該照顧的,那麼是否該好好疼惜自己的肚皮?減肥?明天再說吧!

配上啤酒就是夏日開胃一品
蒜香麵包丁

準備時間:15分鐘

搭　　配:餐包麵糰吐司切丁+香蒜奶油醬+
　　　　　乳酪粉

經典海鮮料理配麵包也好吃
白酒蒜香蛤蜊

準備時間:20分鐘

搭　　配:鹹奶油麵包+蛤蜊+小番茄+白酒

宵夜場少不了的一味
義式酥炸海鮮拼盤

準備時間:20分鐘

搭　　配:奶油麵包+蝦子+小卷+小番茄

嘴饞想吃點什麼的好選擇

無花果干貝蘿蔓沙拉

DAY 4

準備時間：20分鐘

搭　　配：法國麵包＋蘿蔓＋無花果乾＋
　　　　　核桃＋生鮮干貝

當宴客的前菜也很適合

芥末魷魚沙拉

DAY 5

準備時間：30分鐘

搭　　配：圓型乳酪麵包＋魷魚＋油菜＋
　　　　　山葵

即使晚上吃也不用怕發胖

芭樂拌汆燙鯛魚

DAY 6

準備時間：20分鐘

搭　　配：奶油迷你吐司＋芭樂＋鯛魚片

居酒屋的招牌下酒菜

照燒豬五花

DAY 7

準備時間：20分鐘

搭　　配：佛卡夏＋薄片豬五花

Index 索引

07

貝果麵糰╳直接法

烘焙行列表

烘焙材料行名	地址	電話	傳真
美豐商店	基隆市孝一路 37 號 2 樓	02-2422-3200	02-2422-3200
富盛	基隆市南榮路 50 號	02-2425-9255	02-2425-9256
新樺	基隆市獅球路 25 巷 10 號	02-2431-9706	02-2431-1461
嘉美行	基隆市豐稔街 130 號 B1	02-2462-1963	02-2462-9221
艾佳食品有限公司	新北市中和區宜安路 118 巷 14 號	02-8660-8895	02-8660-8415
崑龍	新北市三重區永福街 242 號	02-2287-6020	02-2286-6511
德麥	新北市五股工業區五權五路 31 號	02-2298-1347	02-2298-2263
游記	新北市新店區寶中路 65 巷 22 號 1 樓	02-2918-3155	02-2915-4000
上筌	新北市板橋區長江路三段 64 號	02-2254-6556	02-2259-7217
郭德隆	新北市淡水區英專路 78 號	02-2621-4229	
虹泰	新北市淡水區水源街一段 61 號	02-2629-5593	
文章 DIY 烘焙器具	新北市中和區光華街 40 號	02-2249-8690	
加嘉	新北市汐止區環河街 183 巷 3 號	02-2693-3334	
馥品屋	新北市樹林區大安路 175 號	02-2686-2569	
白鐵號	台北市中山區民生東路二段 116 號	02-2551-3731	02-2571-3776
大通	台北市萬華區德昌街 235 巷 22 號	02-2303-8600	
益和商店	台北市士林區中山北路七段 39 號	02-2871-4828	
皇品	台北市內湖區內湖路二段 13 號	02-2658-5707	
義興	台北市松山區富錦街 578 號	02-2760-8115	02-2765-4181
禾廣	台北市大安區延吉街 131 巷 12 號	02-2741-6625	02-2741-6795
益和	台北市士林區中山北路七段 39 號	02-2871-4828	02-2874-1063
美洲	台北市中山區民族東路 2 號之 1	02-2532 5801	02-2532-5800
岱里	台北市松山區虎林街 164 巷 5 號	02-2725-5820	02-2725-5884
全家	台北市文山區羅斯福路五段 218 巷 36 號	02-2932-0405	
萊萊	台北市大安區和平東路三段 212 巷 3 號	02-2733-8086	
得宏	台北市南港區研究院路一段 96 號	02-2783-4843	
艾佳 (中壢店)	桃園縣中壢市黃興街 111 號	03-468-4558	
陸光	桃園縣八德市陸光 1 號	03-362-9783	03-362-9783
桃榮	桃園縣中壢市中平路 91 號	03-422-1726	
華源	桃園市中正三街 38 號	03-332-0178	03-332-7858
新勝發	新竹市民權路 159 號	035-323-027	035-325-957
葉記	新竹市武陵路 195 巷 22 號	035-312-055	
康迪	新竹市建華街 19 號	035-208-250	

安美	新竹市民權路 159 號	035-323-027	
普來利	竹北市縣政二路 186 號	03-555-8086	
新盛發	新竹市民權路 159 號	03-532-3027	
新勝	新竹市中山路 640 巷 102 號	03-538-8628	
力揚	新竹市中華路三段 47 號	03-523-6773	
天隆	苗栗縣頭份鎮中華路 641 號	03-766-0837	
豐榮	台中市豐原區三豐路 317 號	04-527-1831	04-527-6147
明興	台中市豐原區瑞興路 106 號	04-526-3953	
永誠行 (總店)	台中市民生路 147 號	04-224-9876	04-224-9992
永美	台中市北區健行路 665 號	04-205-8587	04-205-9167
辰豐	台中市西屯區中清路 151-25 號	04-2425-9869	04-2426-1236
總信	台中市復興路三段 109-4 號	04-220-2917	04-224-0761
齊誠	台中市雙十路二段 79 號	04-234-3000	
順興	南投縣草屯鎮中正路 586 號 -5	049-333-455	049-333-458
上豪	彰化縣芬園鄉彰南路三段 355 號	04-952-2339	
敬崎	彰化市三福街 195 號	04-724-3927	
福隆	彰化市太平街 36 號	04-723-1479	
永誠	雲林縣虎尾鎮德興路 96 號	05-632-7153	05-633-1895
彩豐	雲林縣斗六市西平路 137 號	05-534-2450	05-534-8479
名陽	嘉義縣大林鎮自強街 25 號	05-265-0557	
福美珍	嘉義市西榮街 135 號	05-222-4824	
新瑞益	嘉義市新民路 11 號	05-286-9545	
世峰行	台南市西區大興街 325 巷 56 號	05-250-2027	
玉記行	台南市西區民權路三段 38 號	05-224-3333	
永昌	台南市長榮路一段 115 號	06-237-7115	06-276-1436
瑞益	台南市民族路二段 303 號	06-222-8982	06-220-5425
上品	台南市永華一街 159 號	06-299-0728	06-299-0729
富美	台南市開元路 312 號	06-237-6284	
順慶	高雄市鳳山區中山路 237 號	07-746-2908	07-710-3312
德興	高雄市十全二路 103 號	07-311-4311	07-311-4315
十代	高雄市懷安街 30 號	07-381-3275	
華銘	高雄市苓雅區中正一路 120 號 4 樓之 6	07-713-1998	
裕軒	屏東縣潮州鎮太平路 473 號	08-788-7835	08-788-7890
四海	屏東市民生路 180-2 號	08-733-5595	
裕順	宜蘭縣羅東鎮純精路 60 號	039-543-429	039-560-168
萬客來	花蓮市和平路 440 號	038-362-628	038-362-638
玉記	台東市漢陽北路 30 號	089-326-505	089-329-302

幸福生活
健康烘焙

矽膠手作烘焙用品，讓大家一起輕鬆參與，增
親子間互動與交流，全家人不僅開心、吃得也
心，讓您每天都有快樂的生活體驗。

美味按壓式餅乾機

烘焙助手五件組

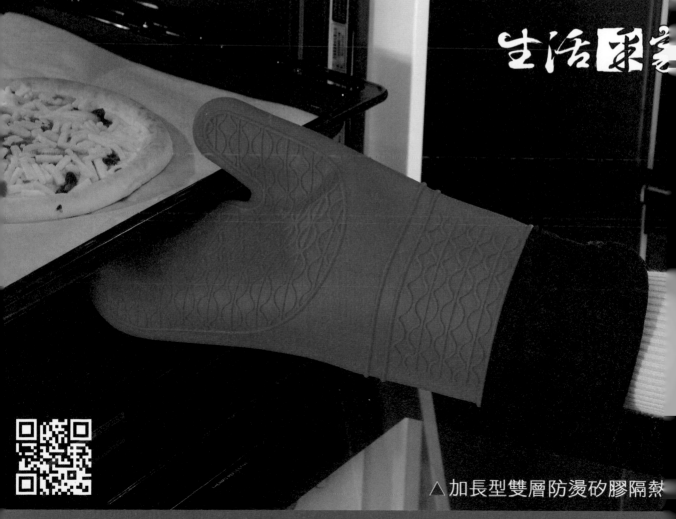

生活采意

△加長型雙層防燙矽膠隔熱

餐桌是我和家人溝通的祕密基地

悅知文化與您共享美味食光

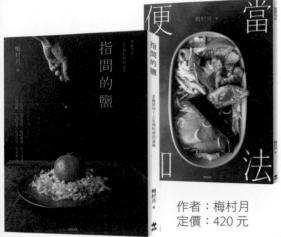

作者：梅村月
定價：420 元

賞味推薦
dato（專欄作家）│黃哲斌（新聞工作者）│
番紅花（作家）

睽違 4 年，梅村月全新作品！
首次結合散文書寫及食譜創作。

《指間的鹽》
多謝款待！人生與料理的滋味

＋

《便當‧加法》
41 道簡單美味的便當菜譜，
端上每一餐

限量
雙書版

★一花一草一物皆有情，完整體現、傳授人生智慧、品味。
★文字賞心，梅村家專屬菜餚滋味雋永，兼容中西、和洋食材
★是優雅的飲食人生散文，更是兼具實用性與立體面貌的食譜。

白崎茶會無麩質烘焙

暢銷 10 萬本！日本 Amazon
五顆星好評不斷，無麥、無
蛋、無奶油，使用低醣材料，
做出時尚又漂亮的點心。

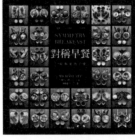

ICEBOX 冰盒餅乾 繽紛慶典

正宗第二彈！最強造型餅乾
書‧沒有之一！不用餅乾模
具！也能做出超萌手工點心

對稱早餐：一切都是為了愛

以完美擺盤的早餐，獲得 65
萬 Instagram 粉絲擁戴！有
你，才有對稱，你願意每天
陪我吃早餐嗎？

史上最強！水波爐脫油減鹽料理 117

蒸煮炒烤煎炸燉，就連烘焙
也沒問題！實用的一爐多菜，
符合均衡營養與輕鬆料理雙
重需求。

墨西哥捲餅 105

一張餅皮，105 道食譜變化，
是捲餅，也可以是沙拉、披
薩、三明治和點心。

熱狗麵包三明治

只要 3 步驟，掰開→填料→
享用，輕鬆做出 80 款創意又
好吃的 Koppepan 食譜。

悅知文化
Delight Press

呂昇達經典麵包配方✕私房迷人料理

40款麵包與90道燉肉、海鮮、沙拉、四季果醬與和洋醬汁的美味組合

作　　者｜呂昇達 Edison Lu
發 行 人｜林隆奮 Frank Lin
社　　長｜蘇國林 Green Su

出版團隊
總 編 輯｜葉怡慧 Carol Yeh
企劃編輯｜王俞惠 Cathy Wang
文字整理｜張玉莉 Lilly Chang
封面裝幀｜張　克 giarchang
版型設計｜黃靖芳 Jing Huang
版面編排｜黃靖芳 Jing Huang
攝　　影｜璞真奕睿

行銷統籌
業務經理｜吳宗庭 Tim Wu
業務專員｜蘇倍生 Benson Su
業務秘書｜陳曉琪 Angel Chen
　　　　　莊皓雯 Gia Chuang
行銷企劃｜朱韻淑 Vina Ju
　　　　　鍾依娟 Irina Chung、蕭震 Zhen Hsiao

發行公司｜精誠資訊股份有限公司　悅知文化
　　　　　105台北市松山區復興北路99號12樓
訂購專線｜(02) 2719-8811
訂購傳真｜(02) 2719-7980
專屬網址｜http://www.delightpress.com.tw
悅知客服｜cs@delightpress.com.tw
ISBN：978-986-510-202-9

建議售價｜新台幣650元
二版一刷｜2022年03月

國家圖書館出版品預行編目資料

呂昇達經典麵包配方✕私房迷人料理／
呂昇達作. -- 二版. -- 臺北市：精誠資訊,
2022.03
240面；19×26公分
ISBN　978-986-510-202-9(平裝)
1.點心食譜

427.1　　　　　　　　　　111001458

建議分類｜生活風格・烹飪食譜

呂昇達團隊
特別助理：呂昀錭
烘焙助理：吳美香、林潔鈴、張如君

讀者回函

呂昇達經典麵包配方
╳
私房迷人料理

感謝您購買本書。為提供更好的服務，請撥冗回答下列問題，以做為我們日後改善的依據。
請將回函寄回台北市復興北路99號12樓（免貼郵票），悅知文化感謝您的支持與愛護！

姓名：_____ 性別：□男 □女 年齡：_____歲

聯絡電話：(日)_____ (夜)_____

Email：_____

通訊地址：□□□-□□ _____

學歷：□國中以下 □高中 □專科 □大學 □研究所 □研究所以上

職稱：□學生 □家管 □自由工作者 □一般職員 □中高階主管 □經營者 □其他 _____

平均每月購買幾本書：□4本以下 □4~10本 □10本~20本 □20本以上

● 您喜歡的閱讀類別？(可複選)

　□文學小說 □心靈勵志 □行銷商管 □藝術設計 □生活風格 □旅遊 □食譜 □其他 _____

● 請問您如何獲得閱讀資訊？(可複選)

　□悅知官網、社群、電子報 □書店文宣 □他人介紹 □團購管道

　媒體：□網路 □報紙 □雜誌 □廣播 □電視 □其他 _____

● 請問您在何處購買本書？

　實體書店：□誠品 □金石堂 □紀伊國屋 □其他 _____

　網路書店：□博客來 □金石堂 □誠品 □PCHome □讀冊 □其他 _____

● 購買本書的主要原因是？(單選)

　□工作或生活所需 □主題吸引 □親友推薦 □書封精美 □喜歡悅知 □喜歡作者 □行銷活動

　□有折扣_____折 □媒體推薦 _____

● 您覺得本書的品質及內容如何？

　內容：□很好 □普通 □待加強 原因：_____

　印刷：□很好 □普通 □待加強 原因：_____

　價格：□偏高 □普通 □偏低 原因：_____

● 請問您認識悅知文化嗎？(可複選)

　□第一次接觸 □購買過悅知其他書籍 □已加入悅知網站會員www.delightpress.com.tw □有訂閱悅知電子報

● 請問您是否瀏覽過悅知文化網站？ □是 □否

● 您願意收到我們發送的電子報，以得到更多書訊及優惠嗎？ □願意 □不願意

● 請問您對本書的綜合建議：_____

● 希望我們出版什麼類型的書：_____

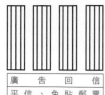
SYSTEX | 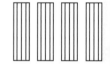 悦知文化
making it happen 精誠資訊　　Delight Press

精誠公司悅知文化　收

105 台北市復興北路99號12樓

（　請沿此虛線對折寄回　）

10款麵包與90道燉肉、海鮮、沙拉、四季果醬
與和洋醬汁的美味組合

dp 悦知文化
Delight Press